中国海洋能技术进展 2016

国家海洋技术中心　编著

海洋出版社

2016年·北京

图书在版编目（CIP）数据

中国海洋能技术进展．2016/国家海洋技术中心编著．—北京：海洋出版社，2016.12

ISBN 978-7-5027-9666-2

Ⅰ.①中…　Ⅱ.①国…　Ⅲ.①海洋动力资源-研究进展-中国-2016
Ⅳ.①P743

中国版本图书馆 CIP 数据核字（2016）第 320936 号

责任编辑：张鹤凌　钱晓彬
责任印制：赵麟苏

海洋出版社　出版发行

http://www.oceanpress.com.cn

北京市海淀区大慧寺路 8 号　邮编：100081
北京朝阳印刷厂有限责任公司印刷　新华书店北京发行所经销
2016 年 12 月第 1 版　2016 年 12 月第 1 次印刷
开本：787mm×1092mm　1/16　印张：8.25
字数：129 千字　定价：58.00 元
发行部：62132549　邮购部：68038093　总编室：62114335

海洋版图书印、装错误可随时退换

E 编者说明
ditor's note

　　随着"建设海洋强国"和"21 世纪海上丝绸之路"等战略的深入推进，我国海洋可再生能源发展迎来新的战略机遇。我国海洋能开发利用技术发展应当坚持创新引领，不断探索企业为主的产业技术创新机制。随着我国海洋能核心及关键共性技术的解决，海洋能开发利用装备制造必将成长为对经济社会长远发展具有重大引领作用的战略性新兴产业，为构建我国清洁、高效、安全、可持续的现代能源体系做出应有的贡献。

　　2016 年是我国"十三五"工作开局之年，为做好"十三五"期间海洋能工作，国家海洋局、国家能源局、科技部等相关部委相继启动了"十三五"海洋能战略相关的研究工作。为更好地明确"十三五"海洋能发展目标和发展路径，国家海洋技术中心在海洋能专项资金项目（GHME2014ZC01 和 GHME2016ZC03）支持下，组织人员，跟踪研究国内外海洋能发展现状和趋势，特别是对最近一年以来我国海洋能技术的进展和成果进行了较为系统的梳理和总结，将上述研究成果编辑成《中国海洋能技术进展 2016》。本书所引用的资料和数据时间截至 2016 年 7 月。

　　本书共分为：发展政策、技术进展、公共支撑服务体系建设、国际合作、重大海洋能活动 5 章及附录——OES 2015 年进展综述。

　　本书由国家海洋技术中心夏登文副主任担任主编并进行总体策划，主要编写人员包括：麻常雷、王海峰、齐连明、王项南、杨立、汪小勇、徐伟、高艳波、吴姗姗、李彦、王鑫、赵宇梅、王萌、张中华、陈绍艳、张多、倪娜、路宽、王冀、李守宏、李志、刘玉新、陈利博、唐久婷、王芳、石建军、赵媛、吴迪、王静、马越、李晶、彭洪兵、朱锐、韩林生、朱晓阳，刘伟对书稿进行了审校。

在本书的编写过程中，得到了国家海洋技术中心罗续业主任的大力支持以及中心业务处、战略室、能管中心、能源室、质检室、工程中心等部门的积极配合。同时，很多海洋能专项资金项目承担单位提供了第一手资料，在此一并表示感谢。

鉴于海洋能工作涉及范围广，专业领域多，书中难免有不足之处，热忱欢迎读者提出批评和指正。

国家海洋技术中心

编写组

2016 年 10 月

C目次
ontents

第一章 发展政策

2015 年 5 月以来，随着"建设海洋强国"和"21 世纪海上丝绸之路"等国家战略的贯彻落实，党中央、国务院从战略规划、管理规定、资金支持等政策方面全方位部署了海洋能工作，有力地推动了我国海洋能开发利用技术的持续发展，使我国成为世界上为数不多的掌握规模化开发利用海洋能技术的国家之一。同时，为促进我国海洋能技术持续改进并向产业化发展，还需要加快研究制定海洋能产业激励政策、行业发展政策等产业化政策。

第一节 战略规划

党中央、国务院发布的《中华人民共和国国民经济和社会发展第十三个五年规划纲要》《"十三五"国家科技创新规划》和《全国海洋主体功能区规划》以及相关部委发布的海洋能相关规划，明确了今后一段时期内我国海洋能技术和产业的发展方向，为我国海洋能持续发展提供了有力指导。

一、国民经济和社会发展第十三个五年规划纲要

2016 年 3 月，《中华人民共和国国民经济和社会发展第十三个五年规划纲要》（以下简称《"十三五"规划纲要》）正式发布，共分二十篇、八十章。《"十三五"规划纲要》对"十三五"期间发展工作进行了总体部署。其中，"强化科技创新引领作用""建设现代能源体系"和"拓展蓝色经济空间"等章节为"十三五"海洋能发展提供了重要指导。

在《"十三五"规划纲要》第二篇"实施创新驱动发展战略"，第

六章"强化科技创新引领作用"中提出:"坚持战略和前沿导向,集中支持事关发展全局的基础研究和共性关键技术研究,更加重视原始创新和颠覆性技术创新。加快突破新一代信息通信、新能源、新材料、航空航天、生物医药、智能制造等领域核心技术。加强深海、深地、深空、深蓝等领域的战略高技术部署。积极提出并牵头组织国际大科学计划和大科学工程,建设若干国际创新合作平台。"

在《"十三五"规划纲要》第七篇"构筑现代基础设施网络",第三十章"建设现代能源体系"中提出:"继续推进风电、光伏发电发展,积极支持光热发电。加快发展生物质能、地热能,积极开发沿海潮汐能资源。完善风能、太阳能、生物质能发电扶持政策。"

在《"十三五"规划纲要》第九篇"推动区域协调发展",第四十一章"拓展蓝色经济空间"中提出:"坚持陆海统筹,发展海洋经济,科学开发海洋资源,保护海洋生态环境,维护海洋权益,建设海洋强国。优化海洋产业结构,发展远洋渔业,推动海水淡化规模化应用,扶持海洋生物医药、海洋装备制造等产业发展,加快发展海洋服务业。发展海洋科学技术,重点在深水、绿色、安全的海洋高技术领域取得突破。"

二、"十三五"国家科技创新规划

2016年7月,国务院发布了《"十三五"国家科技创新规划》(以下简称《规划》)。《规划》明确了我国"十三五"时期科技创新的总体思路、发展目标、主要任务和重大举措。

在《规划》第五章"构建具有国际竞争力的现代产业技术体系"中提出:"开展太阳能光伏、太阳能热利用、风能、生物质能、地热能、海洋能、氢能、可再生能源综合利用等技术方向的系统、部件、装备、材料和平台的研究。"

在《规划》第七章"发展保障国家安全和战略利益的技术体系"中提出:"开展全球海洋变化、深渊海洋科学等基础科学研究,突破深海运载作业、海洋环境监测、海洋油气资源开发、海洋生物资源开发、海水淡化与综合利用、海洋能开发利用、海上核动力平台等关键核心技术,强化海洋标准研制,集成开发海洋生态保护、防灾减灾、航运保障等应用系统。"

三、全国海洋主体功能区规划

2015 年 8 月，为进一步优化海洋空间开发格局，国务院正式发布了《全国海洋主体功能区规划》（以下简称《功能区规划》）。《功能区规划》作为《全国主体功能区规划》的重要组成部分，是推进形成海洋主体功能区布局的基本依据，是海洋空间开发的基础性和约束性规划。《功能区规划》范围包括"内水和领海主体功能区"和"专属经济区和大陆架及其他管辖海域主体功能区"两部分。

在"内水和领海主体功能区"部分，《功能区规划》将渤海湾、长江口及其两翼、珠江口及其两翼、北部湾、海峡西部以及辽东半岛、山东半岛、苏北、海南岛附近海域列为优化开发区域，明确其发展方向与开发原则为"优化近岸海域空间布局，合理调整海域开发规模和时序，控制开发强度，严格实施围填海总量控制制度；推动海洋传统产业技术改造和优化升级，大力发展海洋高技术产业，积极发展现代海洋服务业，推动海洋产业结构向高端、高效、高附加值转变；推进海洋经济绿色发展，提高产业准入门槛，积极开发利用海洋可再生能源，增强海洋碳汇功能；严格控制陆源污染物排放，加强重点河口海湾污染整治和生态修复，规范入海排污口设置；有效保护自然岸线和典型海洋生态系统，提高海洋生态服务功能"。在重点开发区域之一的"海洋工程和资源开发区"，《功能区规划》提出："支持海洋可再生能源开发与建设，因地制宜科学开发海上风能。"在限制开发区域之一的"海岛及其周边海域"，《功能区规划》提出："加强交通通信、电力供给、人畜饮水、污水处理等设施建设，支持可再生能源、海水淡化、雨水集蓄和再生水回用等技术应用，改善居民基本生产、生活条件，提高基础教育、公共卫生、劳动就业、社会保障等公共服务能力。充分利用现有科技资源，在具有科研价值的海岛建立试验基地。从事科研活动，不得对海岛及其周边海域生态环境造成损害。"

在"专属经济区和大陆架及其他管辖海域主体功能区"部分，《功能区规划》在重点开发区域之一的"重点边远岛礁及周边海域"

提出:"加快码头、通信、可再生能源、海水淡化、雨水集聚、污水处理等设施建设。开展深海、绿色、高效养殖,建立海洋渔业综合保障基地。根据岛礁自然特点,开辟特色旅游路线,发展生态旅游、探险旅游、休闲渔业等旅游业态。加强海洋科学实验、气象观测、灾害预警预报等活动,建设观测、导航等设施。"

《功能区规划》还在保障措施部分提出,支持海水淡化和综合利用、海洋药物与生物制品、海洋工程装备制造、海洋可再生能源等产业发展政策。

四、能源技术革命创新行动计划(2016—2030年)

2016年5月,国家发改委、国家能源局联合印发了《能源技术革命创新行动计划(2016—2030年)》(以下简称《行动计划》),明确了今后一段时期我国能源技术创新的工作重点、主攻方向以及重点创新行动的时间表和路线图,计划2030年建成与国情相适应的完善的能源技术创新体系,能源自主创新能力全面提升,能源技术水平整体达到国际先进水平。

《行动计划》提出,在可再生领域,要重点发展更高效率、更低成本、更灵活的风能、太阳能利用技术,生物质能、地热能、海洋能利用技术,可再生能源制氢、供热等技术。

《行动计划》共提出15项重点任务,在重点任务10"生物质、海洋、地热能利用技术创新"中提出:"加强海洋能开发利用,研制高效率的波浪能、潮流能和温(盐)差能发电装置,建设兆瓦级示范电站,形成完整的海洋能利用产业链。"

五、海洋生态文明建设实施方案

2015年7月,国家海洋局印发了《国家海洋局海洋生态文明建设实施方案》(2015—2020年)(以下简称《实施方案》),将实施海洋生态文明建设作为"十三五"期间海洋事业发展的重要基础。作为国家生态文明建设的重要组成部分,加快推进海洋生态文明建设,有助于促进海洋生态环境保护和资源的节约利用。

《实施方案》提出的"提升海洋科技创新与支撑能力"，确定了强化科技创新和培育壮大战略新兴产业的重点任务，提出了开展海洋能技术创新、发展海洋能产业的明确要求，建立了海洋能开发利用和海洋生态文明建设的有机联系。

六、"十三五"及中长期海洋能发展战略研究

2016年是我国"十三五"工作的开局之年，国家海洋局、国家能源局、工程院、科技部等相关部门相继启动和支持开展了海洋能战略研究工作。

国家海洋局在"国家海洋科技创新总体规划战略研究"工作的基础上，于2016年1月启动了"海洋可再生能源发展'十三五'规划"编制工作，旨在推动我国海洋能技术从"能发电"向"稳定发电"转变，加速海洋能商业化进程。

国家能源局于2014年底启动"'十三五'可再生能源发展规划研究"工作，2016年1月，国家能源局发布了《可再生能源"十三五"发展规划》（征求意见稿）。

中国工程院于2015年初启动"中国工程科技2035发展战略研究"工作，2016年5月，针对海洋能技术预见清单开展了第二轮业内专家问卷调查，调查结果分析将作为我国2035年海洋能技术发展方向建议的重要参考。

科技部于2014年启动"十三五"能源领域专题研究工作，2016年3月，启动了"十三五"可再生能源与氢能技术科技创新战略研究，对"十三五"期间海洋能技术科技创新问题等开展了专题研究。

第二节 管理政策

国家能源局发布的《可再生能源发电全额保障性收购管理办法》和《关于建立可再生能源开发利用目标引导制度的指导意见》以及国家海洋局发布的《海洋可再生能源资金项目验收细则》等管理办法，

针对我国海洋能发展的当前阶段，提出了对应的激励政策和管理措施，有助于推进我国海洋能产业化进程。

一、可再生能源发电全额保障性收购管理办法

2016年3月，为贯彻落实《中共中央国务院关于进一步深化电力体制改革的若干意见》（中发〔2015〕9号）及相关配套文件的有关要求，加强可再生能源发电全额保障性收购管理，保障非化石能源消费比重目标的实现，推动能源生产和消费革命，根据《中华人民共和国可再生能源法》等法律法规，国家发改委制定并发布了《可再生能源发电全额保障性收购管理办法》（以下简称《管理办法》）。

《管理办法》适用于风力发电、太阳能发电、生物质能发电、地热能发电、海洋能发电等非水可再生能源。可再生能源发电全额保障性收购是指电网企业（含电力调度机构）根据国家确定的上网标杆电价和保障性收购利用小时数，结合市场竞争机制，通过落实优先发电制度，在确保供电安全的前提下，全额收购规划范围内的可再生能源发电项目的上网电量。可再生能源并网发电项目年发电量分为保障性收购电量部分和市场交易电量部分。其中，保障性收购电量部分通过优先安排年度发电计划、与电网公司签订优先发电合同（实物合同或差价合同）保障全额按标杆上网电价收购；市场交易电量部分由可再生能源发电企业通过参与市场竞争方式获得发电合同，电网企业按照优先调度原则执行发电合同。

《管理办法》规定：生物质能、地热能、海洋能发电以及分布式光伏发电项目暂时不参与市场竞争，上网电量由电网企业全额收购；各类特许权项目、示范项目按特许权协议或技术方案明确的利用小时数确定保障性收购年利用小时数。

二、关于建立可再生能源开发利用目标引导制度的指导意见

2016年2月，根据《中华人民共和国可再生能源法》《国务院关于加快培育和发展战略性新兴产业的决定》《国家能源发展战略行动

计划（2014—2020年）》以及推动能源生产和消费革命的总要求，为促进可再生能源开发利用，保障实现2020年、2030年非化石能源占一次能源消费比重分别达到15%、20%的能源发展战略目标，国家能源局发布了《关于建立可再生能源开发利用目标引导制度的指导意见》（以下简称《指导意见》）。

《指导意见》提出"建立明确的可再生能源开发利用目标"——国家能源局根据各地区可再生能源资源状况和能源消费水平，依据全国可再生能源开发利用中长期总量目标，制定各省（区、市）能源消费总量中的可再生能源比重目标和全社会用电量中的非水电可再生能源电量比重指标，并予公布。鼓励各省（区、市）能源主管部门制定本地区更高的可再生能源利用目标。

《指导意见》确定"明确可再生能源开发利用的责任和义务"——各省级能源主管部门会同本级政府有关部门，根据国家能源局制定的本行政区域的全社会用电量中非水电可再生能源电量比重指标，对本行政区域各级电网企业和其他供电主体（含售电企业以及直供电发电企业）的供电量（售电量）规定非水电可再生能源电量最低比重指标，明确可再生能源电力接入、输送和消纳责任，建立确保可再生能源电力消纳的激励机制。各主要发电投资企业应积极开展可再生能源电力建设和生产。

《指导意见》要求"研究完善促进可再生能源开发利用的体制机制"——建立可再生能源电力绿色证书交易机制。可再生能源电力绿色证书可通过证书交易平台按照市场机制进行交易。根据全国2020年非化石能源占一次能源消费总量比重达到15%的要求，到2020年，除专门的非化石能源生产企业外，各发电企业非水电可再生能源发电量应达到全部发电量的9%以上。各发电企业可以通过证书交易完成非水可再生能源占比目标的要求。

三、海洋可再生能源资金项目验收细则

2015年8月，为提高海洋能专项资金使用效益，保障海洋能专项资金可持续发展，国家海洋局科学技术司发布了《海洋可再生能源资

金项目验收细则》（试行）（以下简称《验收细则》）。

《验收细则》主要内容包括总则、验收组织、验收准备、正式验收、相关责任和附则六个部分。进一步明确了项目正式验收包括财务验收和业务验收以及项目完成后的奖励措施——通过验收的承担单位将在今后承担海洋能专项资金项目时给予优先考虑。

第三节　资金支持计划

我国海洋能技术正处于技术突破关键期，今后一段时期仍需国家财政资金的大力支持，尤其是要继续实施海洋可再生能源专项资金，加大国家重点研发计划和国家自然科学基金等支持力度，以促进我国海洋能基础科学研究、关键技术研发、工程示范、标准体系建设等全方位发展。

一、海洋可再生能源专项资金

海洋可再生能源专项资金（以下简称"专项资金"）设立以来，有力推动了我国海洋能工作整体水平的快速提升，取得了较为显著的成效。截至 2016 年 7 月，专项资金实际支持了 100 个项目（不包括终止的项目，见表 1.1）。

表 1.1　海洋可再生能源专项资金项目汇总表

	2010 年	2011 年	2012 年	2013 年	2014 年	2015 年	2016 年	合计
项目总数（项）	24	37	8	19	2	3	7	100

自 2015 年起，按照财政部要求，海洋能专项资金项目按照政府采购管理程序，面向社会公开招标确定项目承担单位。2015 年 6 月，2015 年海洋能专项资金支持中国长江三峡集团公司、浙江大学、青岛机械工业总公司等单位开展示范工程建设等 3 个项目。2016 年 7 月，2016 年海洋能专项资金支持又开展了海洋能技术装备引进与示范等 7 个项目。截至 2016 年 4 月，专项资金投入经费近 11 亿元。

2015年5月以来，为推进"专项资金"项目进展，受国家海洋局科技司委托，海洋可再生能源开发利用管理中心通过现场检查、会议检查、约谈、组织项目自查等多种形式，对2010—2015年所有在研项目进行了监督检查。2015年9月至2016年5月底，共有19个项目通过了验收（见表1.2）。

表1.2　近一年验收的专项资金项目统计

序号	项目名称	承担单位	立项时间
1	新型竖轴直驱式潮流能发电装置的研究与试验	大连理工大学	2011年
2	组合型振荡浮子波能发电装置的研究与试验	中国海洋大学	2011年
3	波浪能重点开发利用区资源勘查和选划——OE-W2区块	国家海洋局第二海洋研究所	2011年
4	利用海湾内外潮波相位差进行潮汐能发电的环境友好型潮汐能利用方式的可行性研究	国家海洋局第二海洋研究所	2011年
5	500千瓦海洋能独立电力系统示范工程	中海油研究总院	2010年
6	OE-01区块波浪能重点开发利用资源勘查和选划	国家海洋局第一海洋研究所	2011年
7	福建沙埕港八尺门万千瓦级潮汐电站站址勘查及工程预可研	中国海洋大学	2011年
8	海泥电池能源供电关键共性技术及驱动监测仪器实海验证研究	中国海洋大学	2011年
9	海洋微藻生物柴油规模化制备关键技术与装置的优化、耦联及应用研究	中国海洋大学	2011年
10	海洋微藻制备生物柴油耦合 CO_2 减排技术研究与示范	国家海洋局第一海洋研究所	2011年
11	支撑海洋能源微藻高效培养的敌害生物防治技术	中国科学院海洋研究所	2011年
12	60千瓦半直驱水平轴潮流发电系统研究	浙江大学	2010年
13	新型高效低水头大流量双向竖井贯流式机组开发与研制	河海大学	2011年
14	海上波浪能与风能互补发电平台的研发	华北电力大学	2011年
15	基于潮流能利用的变几何水轮机发电装置的研制	上海交通大学	2011年
16	波浪能、潮流能能量转换效率模拟测试技术研究	国家海洋技术中心	2010年
17	波浪能、潮流能海上试验与测试场建设论证及工程设计	国家海洋技术中心	2010年
18	海洋能资源勘查与选划成果整合与集成	国家海洋技术中心	2012年
19	海洋能专项技术成果整合与集成	国家海洋技术中心	2012年

截至 2016 年 5 月底，在全部 93 个专项项目中，已有 31 个专项项目完成验收。

二、国家科技计划

"十二五"期间，科技部通过国家高技术研究发展计划（"863"计划）、国家科技支撑计划等国家科技计划支持了多个海洋能关键技术研发。

2015 年 10 月，由浙江大学承担的国家"863"计划先进能源领域"海流能发电与海岛新能源供电关键技术"项目通过了科技部组织的验收，项目成功研制了集海流能、风能、光伏能、储能等海岛新能源的混合供电系统，攻克了大容量海流能列阵并网技术、电储能调峰调蓄控制技术以及海岛混合电源多模式电网运行控制等关键技术。

三、国家自然科学基金

近年来，国家自然科学基金通过面上项目、重点项目等逐年加大对新兴海洋能领域相关科学问题研究的资助力度，有力推动了我国海洋能领域基础科学研究的发展，为我国海洋能基础科学研究整体水平的提升做出了积极贡献。

根据国家自然科学基金官方网站发布数据进行的统计，2015 年，国家自然科学基金支持浙江大学、东南大学、中国海洋大学、武汉理工大学、中国科学院广州能源研究所、浙江海洋大学、哈尔滨工程大学、天津大学开展了 8 个海洋能相关的基础研究类项目，总经费超过了 500 万元（见图 1.1）。

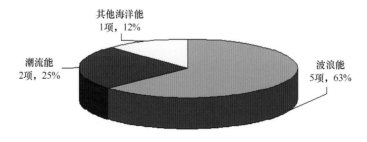

图 1.1　国家自然科学基金海洋能项目及经费统计（2015 年）

第二章　技术进展

2015 年 5 月以来，海洋能专项资金、国家自然科学基金等投入超过 1 亿元支持海洋能基础理论研究、海洋能关键技术研发、海洋能工程示范以及海洋能公共支撑体系建设，我国海洋能技术取得了重要的发展成绩，积累了宝贵的发展经验，3.4 兆瓦模块化大型潮流能发电系统的首套 1 兆瓦机组实现下海发电，100 千瓦鹰式波浪能发电装置和 60 千瓦半直驱式水平轴潮流能发电装置累计发电量均超过 3 万千瓦时，使我国成为世界上为数不多的掌握规模化开发利用海洋能技术的国家之一。

采用元分析文献检索法，对 2010 年以来公开发表的论文进行了统计，截至 2016 年 4 月，国内期刊共发表海洋能研究论文近 600 篇，以波浪能（52%）和潮流能（33%）研究论文为主。2015 年以来，发表海洋能研究论文 150 篇。以专利公开日为准，对 2010 年以来海洋能专利进行了统计，截至 2016 年 4 月，共获得国内海洋能专利授权 870 多项，以波浪能（65%）和潮流能（29%）专利为主。2015 年以来，获得国内专利授权 240 项。

第一节　潮汐能

初步统计，2015 年以来，国内期刊共发表潮汐能研究论文 10 篇，获得国内专利授权 2 项。

一、江厦潮汐电站

自 1980 年并网发电以来，江厦潮汐试验电站运行良好。在科技部、国家海洋局、财政部等部门的支持下，电站先后经历了多次技术改造。在2012年海洋能专项资金支持下，龙源电力集团股份有限公司对江厦潮汐试验电站一号机组进行了增效扩容改造。

2015年6月，一号机组顺利开机并网，进入试运行阶段（见图 2.1），机组在水位差 $H=3.30$ 米正向发电时，其输出功率可达716千瓦；机组在水位差 $H=3.63$ 米反向发电时，其输出功率达到615千瓦。截至2016年3月29日，江厦潮汐试验电站一号机组运行稳定、性能良好，安全运行2095小时，总发电量达到72.8万千瓦时。

图 2.1　一号机组调速器平台和水轮机室

二、温州瓯飞潮汐电站预可研

在2013年海洋能专项资金支持下，中国电建集团华东勘测设计研究院有限公司牵头开展了"温州瓯飞万千瓦级潮汐电站建设工程预可研"。截至2015年12月底，已完成"温州瓯飞潮汐电站预可行性研究报告"（评审稿），"温州瓯飞潮汐电站海域使用论证报告"（评审稿），"温州瓯飞潮汐电站海洋环境影响评价报告"（评审稿）。

规划电站采用单库单向发电运行方式。电站总装机容量451兆瓦，采用41台单机容量11兆瓦机组，额定水头3.5米。工程静态总投资为473.41亿元，总投资565.47元。按发电工程部分总投资（87.7亿元）、资本金财务内部收益率8%测算的电站经营期平均出厂电价为1.503元/千瓦时。

三、潮波相位差潮汐能发电技术

2015 年 9 月，国家海洋局第二海洋研究所承担的"利用海湾内外潮波相位差进行潮汐能发电的环境友好型潮汐能利用方式的可行性研究"项目通过了国家海洋局科技司组织的验收。

该项目完成了对福建三沙湾开展的新型潮汐能利用方式可行性分析研究，并开展了站址新型潮汐能储量评估。

四、福建八尺门万千瓦级潮汐电站预可研

2015 年 12 月，中国海洋大学承担的"福建沙埕港八尺门万千瓦级潮汐电站站址勘查及工程预可研"项目通过了国家海洋局科技司组织的验收。

该项目全面完成了对福建沙埕港八尺门万千瓦级潮汐电站站址勘查及工程预可研工作。

第二节　潮流能

初步统计，2015 年以来，国内期刊共发表潮流能研究论文 59 篇，获得国内专利授权 94 项。

一、2×300 千瓦潮流能发电工程样机

截至 2015 年 5 月底，浙江大学研制的 60 千瓦半直驱水平轴潮流能发电装置工程样机，在舟山摘箬山岛海域累计发电量超过 2 万千瓦时，系统转换效率达 39%。在此技术基础上，2013 年海洋能专项资金支持国电联合动力技术有限公司和浙江大学开展了"2×300 千瓦潮流能发电工程样机产品化设计与制造"。

2015 年 8 月，100 千瓦变桨式比例样机安装到摘箬山岛试验平台上进行测试（见图 2.2），启动流速 0.7 米/秒左右，额定发电流速 2.0 米/秒左右，转换效率达到 30%，叶轮能量捕获系数 C_p 超过了 0.4，

海试最大输出功率达 124 千瓦。目前 300 千瓦定型机组已完成优化设计。

图 2.2　100 千瓦机组现场叶片安装

二、LHD 模块化大型海洋潮流能发电机组

在 2013 年海洋能专项资金支持下，浙江舟山联合动能新能源开发有限公司开展了"LHD-L-1000 林东模块化大型海洋潮流能发电机组项目"研建。

该系统由总成平台系统、双向调节水轮机涡轮系统、传动系统、增变速系统、发电机组系统、制动系统、自动调节荷载系统、冷却循环系统、防腐系统、防海洋生物依附系统、高强度耐冲刷保护系统、变流升压控制系统、双向输配电系统、远程控制系统和安全保护预警系统 15 个子系统构成。

2016 年 3 月 1 日，长 70 米，宽 30 米，平均高 20 米，重 2 500 吨，可抵抗 16 级台风与 4 米巨浪的"世界首台 3.4 兆瓦 LHD 林东模块化大型海洋潮流能发电机组"总成平台在浙江省舟山市秀山岛成功实施下海安装（见图 2.3）。

2016 年 7 月 27 日，首批两套涡轮发电模块机组（1 兆瓦）顺利下海安装（见图 2.4）；8 月 15 日，系统正式发电；8 月 26 日，顺利并入华东电网。该发电平台采用水轮机模块化设计，双向可调节，整机装机功率可调整，能量采集效率和工作持续性大大提升；水轮机模块化装备，传动系及发电机、变流器等关键设备均位于总成平台上，安装、调试、维修等方便，并可克服各种恶劣海洋气象条件。

图 2.3　LHD 模块化大型潮流能发电机组总成平台下海安装

图 2.4　LHD 模块化大型潮流能发电机组首批机组下水并实现发电

三、轴流式潮流能发电装置

在 2010 年海洋能专项资金支持下，中国海洋大学开展了"轴流式潮流能发电装置研究与试验"。

2015 年 6 月，该 20 千瓦水平轴式潮流能装置在青岛斋堂岛水道开始海上安装及测试（见图 2.5），目前已累计运行 10 个月，机组叶轮能量捕获系数 C_p 达到 43.3%，机组效率达到 35.2%，启动流速 0.5 米/秒左右。

图 2.5 轴流式潮流能发电装置海上拖航及测试运行

四、竖轴直驱式潮流能发电装置

2015 年 9 月，大连理工大学承担的"新型竖轴直驱式潮流能发电装置的研究与试验"项目通过了国家海洋局科技司组织的验收。

项目针对竖轴水轮机在低速情况下不易启动的缺点，提出了新型同轴双转子水轮机设计方案，改善了水轮机自启动性能。研制的单机容量 15 千瓦工程样机，在长海县大、小长山岛间的水道开展了实海况试验运行（见图 2.6），实海况运行发电效率达到 27%。

图 2.6 单机容量 15 千瓦竖轴水轮机海试

五、斋堂岛潮流能多能互补独立电力系统示范

2015 年 12 月，中海油研究总院牵头承担的"500 千瓦海洋能独立

电力示范工程"项目通过了国家海洋局科技司组织的验收。

项目在斋堂岛安装了 3 台 50 千瓦风力发电装置和 1 套 50 千瓦太阳能发电装置，完成了岛陆上集控中心建设，项目支持研发的两种潮流能发电装置在斋堂岛海域进行了海试（见图 2.7）。

图 2.7　海能 II 和海远海试机组

六、轮缘驱动型潮流能发电技术

在 2013 年海洋能专项资金支持下，中国科学院电工研究所开展了"轮缘驱动型潮流能发电技术研究与试验"项目。

目前，已加工完成直径 1.5 米的海试工程样机（见图 2.8），并完成了陆上测试以及发电系统漂浮平台改造与加工，已确定了海试总体方案。

图 2.8　轮缘驱动型潮流能发电系统样机

七、海洋观测平台5千瓦模块化潮流能供电关键技术

在2010年海洋能专项资金支持下，东北师范大学开展了"海洋观测平台5千瓦模块化潮流能供电关键技术研究与试验"项目。

2015年6月，装置样机安装到模拟浮体上，开展了海上试验（见图2.9），2015年底，装置受损回收。

图2.9　5千瓦拖曳式机组总装及海试

第三节　波浪能

初步统计，2015年以来，国内期刊共发表波浪能研究论文73篇，获得国内专利授权138项。

一、鹰式"万山号"波浪能发电装置

在2013年海洋能专项资金支持下，中海工业有限公司、中国科学院广东能源研究所和山西高行液压股份有限公司联合开展了"100千瓦鹰式波浪能发电装置工程样机研建"项目。

2015年7月，100千瓦鹰式波浪能发电装置样机建造完毕。2015年11月开始在万山海域海试（见图2.10），截至2016年1月23日，累计发电超过9 900千瓦时。

100千瓦"万山号"是继10千瓦"鹰式一号"成功运行后，我国在波浪能装置大型化研发道路上迈出的坚实一步。"万山号"长36米，宽24米，高16米，采用一基多体式设计，即在半潜母船上朝迎波方向并排布置2个鹰头，朝背浪方向并排布置2个鹰头，装置前后完全

对称，便于装置高效吸收来自不同方向的波浪能。装置注重冗余设计，两套能量转换系统互为备份，既可合二为一，也可两套系统独立并行工作，系统的安全性大幅提升，装置可实现在不停机的工况下维护能量转换系统。

图 2.10　鹰式"万山号"波浪能发电装置进行海试

二、组合型振荡浮子波浪能发电装置

在 2011 年海洋能专项资金支持下，中国海洋大学开展了"组合型振荡浮子波浪能发电装置的研究与试验"项目。2015 年 9 月，通过国家海洋局科技司组织的验收。

项目研发的 10 千瓦波浪能发电装置工程样机采用组合式陀螺体型振荡浮子与双路液压系统进行波浪能向电能的转换，并使用潜浮体配合张力锚链进行海上安装定位。在山东斋堂岛海域开展了超过 4 800 小时的海试（见图 2.11）。

图 2.11　组合型振荡浮子 10 千瓦波浪能发电装置海试

三、集美大学振荡浮子式波浪能装置

在 2011 年海洋能专项资金支持下，集美大学开展了"波浪能耦合其他海洋能的发电系统关键技术研究与开发"项目。

研发的 10 千瓦浮摆式波浪能发电装置（"集大 1 号"）自 2014 年 6 月在福建小嶝岛海域进行了 10 个月的海试，2015 年 7—10 月，发电平台回厂维修改造。2015 年 12 月，维修改造后的"集大 1 号"航行至小嶝岛试验海域进行海试（见图 2.12）。

图 2.12 "集大 1 号"在小嶝岛试验海域

四、筏式液压波浪发电装置

在 2012 年海洋能专项资金支持下，在 2011 年专项项目——筏式液压海浪发电装置研制工作基础上，中船重工第七一〇研究所开展了"大万山岛波浪能独立电力系统示范工程"项目。

2015 年 7—10 月，改进后的"海龙 1 号"开展了海试（见图 2.13），但因受到台风影响而损毁。

图 2.13 "海龙 1 号"第二次海试

五、南海海岛海洋能独立电力系统示范

在 2010 年海洋能专项资金支持下，中国科学院广东能源研究所开展了"南海海岛海洋能独立电力系统示范工程"项目。

大万山岛海洋能独立电力系统及其监控系统全部安装完成，并投入运行。长 25 米，宽 18 米的 300 千瓦"鹰式二号"波浪能装置已建造完毕（见图 2.14），实测数据表明，"鹰式二号"的捕能系统有效宽度 14 米，对于谱峰周期 8.2 秒的波能，能流密度约 37 千瓦／米，俘获效率约 20%，"鹰式二号"俘获的波浪能为 103 千瓦，液压到电转换效率 82%，平均输出 85 千瓦。目前，正在进行锚泊系统加工。

图 2.14 "鹰式二号"建造完毕

六、浪流耦合海岛发电与制淡系统

在 2010 年海洋能专项资金支持下，浙江大学宁波理工学院开展了"基于波浪能、潮流能耦合的海岛独立发电制淡系统研究与试验"项目。2013 年 9 月在石浦港海域对 25 千瓦样机进行了测试。

针对海试出现的问题，2015 年对波浪能液压发电系统进行了重新设计加工，目前正在测试，2016 年将安装到实验平台进行整机海试（见图 2.15）。

图 2.15　浪流耦合平台和新设计的波浪能液压系统

七、磁流体波浪能发电技术

在 2011 年海洋能专项资金支持下，中国科学院电工研究所开展了"磁流体波浪能发电技术及其海试样机的研究与试验"项目。

2015 年 2 月，研制的 10 千瓦磁流体发电机组在珠海万山岛海域进行了 28 天海试，后运回工厂检修（见图 2.16），对主轴与浮子脱链等问题进行了修复，目前正在进行整体组装和调试。

图 2.16　返厂维修的磁流体发电机组

八、波浪差动能提取技术及发电装备

在 2013 年海洋能专项资金支持下，中国科学院南海海洋研究所和武汉大学联合开展了"波浪差动能提取技术及发电装备研究"，利用海洋表面波浪区和水下稳定区在垂直方向具有最大差动能量的特征，提取波浪能。

2015 年 8 月，研制的直径 2.2 米的海试工程样机，完成了 2 次码头海域测试，针对试验中出现的问题，对水轮机结构、检测系统等进行了优化。2015 年 12 月，工程样机开展了岸式（见图 2.17），基本达到设计效果，目前已在万山海区设立了两个波浪观测站并完成了周年观测，即将开展海试。

图 2.17　工程样机结构优化及岸试

九、浮体绳轮波浪能发电技术

在 2011 年海洋能专项资金支持下，山东大学开展了"浮体绳轮波浪能发电研究与试验"项目。

2015 年 5 月至 2016 年 3 月，研制的 10 千瓦海试样机在山东威海小石岛海域开展了三次海试（见图 2.18），最大发电功率超过 16 千瓦，目前正在针对平均发电效率较低、中大浪下高功率点出现频次低等问题进行改进。

图2.18　浮体绳轮波浪发电样机第二次和第三次海试

十、华能海南波浪能并网发电示范

在2010年海洋能专项资金支持下，华能新能源股份有限公司开展了"华能海南波浪能并网发电示范"项目。

2015年1月，完成小比例模型水池试验。2015年10月，完成万宁海域勘测。目前，正在进行系统总装和陆上调试（见图2.19）。

图2.19　华能海南波浪能并网发电示范项目小比例模型水池试验及系统加工

十一、其他波浪能技术

1. 柔性直驱式浪轮发电装置

在 2013 年海洋能专项资金支持下，在 2011 年专项项目——面向实时传输海床基的波浪能供电关键技术研究与试验的工作基础上，上海海洋大学开展了"柔性直驱式浪轮发电装置研究与试验"项目，研发了一套基于浪轮进行能量吸收的波浪能、潮流能集成捕获的发电装置样机。2015 年 8—10 月，经改进后的柔性直驱式浪轮发电装置样机在上海电气临港重型机械装备有限公司码头开展了海试。

2. 海洋能独立电力系统示范

在 2010 年海洋能专项资金支持下，山东三融集团有限公司开展了"海洋能独立电力系统示范工程"项目。2012 年 11 月，经山东省海洋渔业厅批复同意，变更为济南融远新能源开发有限公司承担，并选用山东大学漂浮式波浪能发电装置用于示范。截至 2015 年 10 月底，三台波浪能发电装置（3×100 千瓦）全部加工完成，正在进行岸上调试，即将在威海褚岛海域开展海试。

3. 横轴转子水轮机波浪发电系统开发

在 2010 年海洋能专项资金支持下，中国水利水电科学研究院开展了"横轴转子水轮机波浪发电系统开发"项目。2015 年 12 月，研制的直驱式横轴转子水轮机工程样机完成了第二次实海况实验，装置整体波能转换效率为 21.33%。

4. 摆式波浪能工程样机设计定型

在 2013 年海洋能专项资金支持下，青岛海纳重工集团公司牵头开展了"摆式波浪能工程样机设计定型"项目。2015 年 12 月，在大连理工大学完成了第一次物模试验。

5. 波浪能重点开发利用区资源勘查和选划

在 2011 年海洋能专项资金支持下，国家海洋局第二海洋研究所开展了"波浪能重点开发利用区资源勘查和选划（OE-W2 区块）"项目，对 OE-W2 区块 5 个重点勘查区进行现场了观测，并利用微波遥感资料进行辅助调查，采用 SWAN 模式波浪模拟构建波浪场，再结合相关历史资料，估算各勘查区波浪能资源储量和时空分布，选划了区块中波浪能优先开发利用区。2015 年 9 月，通过国家海洋局科技司组织的验收。

在 2011 年海洋能专项资金支持下，国家海洋局第一海洋研究所开展了"OE-W01 区块波浪能重点开发利用区资源勘查和选划"项目。2015 年 12 月，通过国家海洋局科技司组织的验收。

第四节　温差能、盐差能及其他海洋能

初步统计，2015 年以来，国内期刊共发表温差能、盐差能等研究论文近 10 篇，获得国内专利授权 6 项。

一、温差能发电技术研究

在 2011 年海洋能专项资金支持下，国家海洋技术中心针对小型海洋剖面观测平台供电问题，开展了"海洋观测平台温差能供电关键技术研究与试验"项目。

到 2015 年底，已组装完成 4 台样机。2015 年 7 月，经过千岛湖试验（见图 2.20）后，在威海北部的北黄海冷水团对 4 号样机进行了海

图 2.20　温差能仪器供电海试

上试验，对样机温差能转换、液压蓄能、发电、浮力调节、测控等功能进行了验证，试验过程中，最大发电功率达到了72瓦。

二、盐差能发电技术研究

在2013年海洋能专项资金支持下，中国海洋大学开展了"盐差能发电技术研究与试验"项目。

目前已完成正渗透膜片实验、盐差能单膜组实验及盐差能样机的制造与安装（见图2.21）等工作，调试完成后将会对正渗透多膜组进行性能测试。

图2.21　盐差能发电样机系统

三、海洋生物质能技术

1. 海泥电池供电技术

在2011年海洋能专项资金的支持下，中国海洋大学开展了"海泥电池能源供电关键共性技术及驱动监测仪器实海验证研究"。项目加工了海泥生物燃料电池和海泥镁电池2类海泥电池，并驱动海洋传感器开展了10个多月的实海况运行，2015年12月，通过国家海洋局科技司组织的验收。

2. 海洋微藻生物柴油规模化制备关键技术

在2011年海洋能专项资金支持下，中国海洋大学开展了"海洋微藻生物柴油规模化制备技术"研究。优化并运行了具备年产 2~5 吨海洋微藻藻粉能力的中试系统，构建了具备年产 10 吨生物柴油能力的规模化制备技术体系，2015 年 12 月，通过国家海洋局科技司组织的验收。

3. 海洋能源微藻高效培养敌害生物防治技术

在 2011 年海洋能专项资金支持下，中国科学院海洋研究所开展了"支撑海洋能源微藻高效培养的敌害生物防治技术"研究。筛选获得 30 余株含油量超过 20%的产油微藻，针对 3 株高产油能源微藻，建立了海洋能源微藻培养的敌害生物综合防御方法和技术体系，2015 年 12 月，通过国家海洋局科技司组织的验收。

4. 海洋微藻制备生物柴油耦合 CO_2 减排技术

在 2011 年海洋能专项资金支持下，国家海洋局第一海洋研究所开展了"海洋微藻制备生物柴油耦合 CO_2 减排技术"研究。建成年生产能力达到 800 升的微藻生物柴油小试生产线以及 400 平方米的微藻养殖耦合 CO_2 减排示范基地，2015 年 12 月，通过国家海洋局科技司组织的验收。

第三章 公共支撑服务体系建设

近年来，在海洋能专项资金的支持下，开展了一系列海洋能标准研究和制定工作，初步建立了我国海洋能开发利用技术标准体系。2012 年开始，国家加大对海洋能海上试验场建设的投入力度，已初步形成我国海洋能试验场总体规划，并相继开展了设计、审批及建造等工作。

第一节 海洋能标准体系建设

一、全国海洋标准化委员会海洋观测及海洋能源开发利用分技术委员会

全国海洋标准化技术委员会海洋观测及海洋能源开发利用分技术委员会（TC283/SC2）自 2011 年 12 月成立以来，负责全国海洋观测及海洋能源开发利用领域标准化技术工作。秘书处于 2015 年出版了 4 期"国际标准化信息"简报，积极开展我国海洋能标准体系的研究以及海洋能国家标准与行业标准制修订等工作。

2015 年 9 月，分委会代表参加了国家海洋局在北京召开的"促进质量提升建设海洋强国"主题研讨会，标志着《全国海洋标准化"十三五"发展规划》和《全国海洋计量"十三五"发展规划》编制工作正式启动。

二、海洋能标准制定进展

在海洋能专项资金支持下，国家海洋标准计量中心先后开展了一

系列海洋能标准研究与制定工作。2015 年 7 月，《海洋能开发利用标准体系》（HY/T 181-2015）海洋行业标准正式发布；目前正在制定的 7 项国家标准（见表 3.1）。

表 3.1　正在制定的海洋能国家标准

国家标准名称	进度
《海洋能源术语常用术语》（20070224-T-418）	2015 年 12 月
《海洋能源术语 电站常用术语》（20074589-T-418）	2015 年 12 月
《海洋能源术语 调查和评价术语》（20070225-T-418）	2015 年 12 月
《海洋可再生能资源调查与评估指南 第 1 部分：总则》（20140689-T-418）	制定中
《海洋可再生能资源调查与评估指南 第 2 部分：潮汐能》（20140690-T-418）	制定中
《海洋可再生能资源调查与评估指南 第 3 部分：波浪能》（20140691-T-418）	制定中
《海洋可再生能资源调查与评估指南 第 4 部分：海流能》（20140692-T-418）	制定中

第二节　海洋能测试场建设

根据《海洋可再生能源发展纲要（2013—2016 年）》提出的"到 2016 年，分别建成具有公共试验测试泊位的波浪能、潮流能示范电站以及国家级海上试验场，为我国海洋能的产业化发展奠定坚实的技术基础和支撑保障"的总体发展目标，海洋能专项资金统筹安排了我国海洋能海上试验场建设发展规划，采取总体设计、分布实施的策略。目前，我国已初步形成了山东威海地区、浙江舟山地区、广东万山地区三个海洋能试验场及示范基地。

一、山东威海国家浅海海上综合试验场

位于山东威海褚岛海域的国家浅海海上综合试验场，主要针对波浪能、潮流能发电装置小比例样机开展实海况试验、测试和评价，是我国自主海洋能发电装置和海洋仪器设备研发定型、海洋科学研究的重要平台。从 2010 年正式开始论证、设计等相关工作，目前已完成一期建设的初步设计工作，并通过了专家的评审，即将开展施工建设。

2015年12月2日，作为审批项目用海的依据，国家浅海综合试验场的海洋环境影响报告书和海域使用论证报告书通过了专家评审。2016年1月，获得海域使用权证书，确权综合面积514公顷，使用期限20年。同时，在威海当地注册成立国家浅海海上综合试验场管理中心，负责试验场的运行管理，并对试验场建设起到重要保障作用。

由于换址原因导致试验场的建设环境及功能定位都发生了很大变化，2016年4月，调整后的试验场一期建设工程设计方案通过了专家的评审（见图3.1），即将正式启动试验场建设工作。

图3.1　山东威海国家浅海海上综合试验场一期建设工程设计

二、浙江舟山潮流能试验场及示范基地

在2013年海洋能专项资金支持下，中国长江三峡集团公司牵头开展了"浙江舟山潮流能示范工程总体设计"。目前，已完成示范工程场址比选，测试区泊位建设设计、输配电系统设计岸基保障和维护系统设计、泊位监控系统设计、电力检测系统设计、数据集成系统设计需求分析等工作。2015年4月，初定在普陀山岛和葫芦岛之间海域，该海域水深20～60米，潮流能年均能流密度为1.5千瓦/平方米。2015

年11月，就项目用海开展了海域使用论证工作。

在2015年海洋能专项资金支持下，中国长江三峡集团公司牵头开展了"舟山潮流能示范工程建设"，目标是建成我国首个具有公共测试泊位的潮流能示范工程，其中示范泊位潮流能机组采用引进先进国际技术国内建造，测试泊位对前期支持的专项成果开展现场测试。2015年12月，在舟山市普陀区人民政府召开了项目咨询会，初步明确相关报告的评审单位及项目场区选址为普陀山岛与葫芦岛之间海域。通航安全论证报告由舟山市海事局审批；接入系统专题报告由舟山市电力局审批；海缆路由桌面研究报告由浙江省海洋局审批；海域使用论证报告由舟山市普陀区海洋局审批；环境影响评价报告由舟山市普陀区海洋局审批，岸基控制中心部分由环保局审批。项目核准由舟山市普陀区发改局审批。

三、广东万山波浪能试验场及示范基地

在2013年海洋能专项资金支持下，南方电网综合能源有限公司牵头开展了"大万山岛波浪能示范工程总体设计"。

2015年7月，已完成项目勘察选址、波浪能资源评估、泊位布局设计、锚泊系统设计、工程可行性报告编制等工作；就测试场和海缆的海域使用、海岛用地问题，2015年12月，收到广东省海洋与渔业局同意开展海域使用前期工作的批复，正在就用海论证及环评报告进行招标等，当地政府已同意划拨土地，正在寻找合适地块。

第四章 国际合作

在国际能源署、国际可再生能源署、国际电工委员会等国际海洋能组织和英国、美国、加拿大、爱尔兰、西班牙等发达海洋能国家的积极推动下以及加入海洋能研发队伍的一批发展中国家的共同努力下,国际海洋能技术商业化步伐稳中有升,国际海洋能产业已具备初级阶段特征。鉴于部分海洋能发达国家已开始部署进军海洋能产业,抢占发展先机,发展中国家也积极投入海洋能技术发展,我们应以"21世纪海上丝绸之路"建设为契机,加速海洋能技术创新,积极推动中国与相关国家及国际组织的海洋能技术与产业合作,既引进国外先进技术并吸收创新,又要做好技术输出准备,在国际海洋能产业形成和大发展之前,着力提升中国在未来国际海洋能产业分工中的地位。

第一节 国际能源署海洋能系统技术合作计划

一、IEA OES-TCP 进展

2001年,为了更好地促进海洋能的研究、开发与利用,引导海洋能技术向可持续、高效、可靠、低成本及环境友好的商业化应用方向发展,国际能源署(IEA)成立了海洋能源系统实施协议(Ocean Energy System-Implementation Agreement,OES-IA),并开展了多个工作组计划,目前共有23个成员,欧洲委员会、印度、法国、印度尼西亚、哥斯达黎加等也正申请加入该组织。2016年1月,IEA将OES-IA更名为OES-TCP(Technology Collaboration Programme),使更为广泛的受众群能更直观地理解IEA能源实施协议的工作内容。

我国自2011年由国家海洋技术中心作为缔约机构加入OES以来,

为履行 OES 成员国"海洋能系统信息回顾、交流与宣传"职责，定期发行"海洋可再生能源开发利用动态简报"（季刊），宣传国内外海洋能发展动态，2016 年 3 月，OES 成员国 2015 年年度报告正式出版（见图 4.1）。

图 4.1　OES 年报（2015 年）及海洋能动态简报（季刊）

二、IEA OES-TCP 执委会会议

为加强成员国海洋能国际合作、促进信息交流，OES 每年召开两次执委会会议，并十分重视与其他海洋能国际组织和相关的海洋能重大国际活动的沟通与合作。

（一）OES 第 28 次执委会会议

2015 年 5 月 12-13 日，OES 第 28 次执委会会议在位于德国卡塞尔的夫琅和费风能与能源系统技术研究所（Fraunhofer IWES）召开，来自加拿大、中国、德国、爱尔兰、日本、韩国、墨西哥、摩纳哥、尼日利亚、挪威、葡萄牙、新加坡、西班牙、瑞典、英国、美国等 16 个成员国以及印度、欧洲委员会、国际能源署等观察员国和其他国际组织的 28 名代表参会（见图 4.2）。会议主要讨论了"各成员国提交的新工作组计划进展"、相关研究报告发布、与其他国际海洋能组织合作等议题，还通报了邀请哥斯达黎加、法国、印度尼西亚、阿根廷、加纳、秘鲁、智利、以色列 8 个国家加入 OES 的情况。

图 4.2　OES 第 28 次执委会参会代表

5 月 11 日，在 Fraunhofer IWES 还召开了德国海洋能装备出口及国际市场研讨会，来自爱尔兰、中国、韩国、英国、美国、欧洲委员会、OES 的 10 名专家与来自德国海洋能研发企业、大学、研究所的 9 位专家共同就德国海洋能技术研发，装备制造，国际海洋能市场等话题展开讨论。我国与会专家作了交流报告，并就"能源研究和创新计划""大学开展的海洋能研究""研究所开展的海洋能研究""企业开展的海洋能装备制造"等议题与德方专家进行了交流。

（二）OES 第 29 次执委会会议

2015 年 11 月 11-12 日，OES 第 29 次执委会会议在墨西哥坎昆召开，共有来自加拿大、中国、日本、墨西哥、荷兰、南非、葡萄牙、新加坡、西班牙、瑞典、英国、美国 12 个成员国和观察员国希腊的 17 名代表参会（见图 4.3）。会议以"2017—2020 战略规划"为主题，充分探讨了现有工作组工作进展和拟设立新工作组主要研究任务、讨论未来几年战略规划等议题。我国代表团还向大会详细介绍了关于提议"温差能资源调查"新工作组的工作计划，并与参会代表就各项新工作建议和其他相关活动等议题进行了广泛交流与讨论。会议还通报了邀请阿根廷、巴西、哥斯达黎加、智利、法国、芬兰、加纳、希腊、印度、印度尼西亚、马来西亚、马耳他、毛里求斯、秘鲁、菲律宾、俄罗斯、乌拉圭、欧盟 17 个国家和 1 个国际组织加入 OES 的相关情况。

图 4.3　OES 第 29 次执委会参会代表

三、IEA OES-TCP 发布海洋能技术成本分析研究报告

2015 年 5 月 28 日，OES 发布了"国际海洋能技术均化发电成本"（International Levelised Cost of Energy for Ocean Energy Technologies）研究报告（以下简称"报告"），对波浪能、潮流能、温差能技术的发展路径和均化发电成本（Levelised Cost of Energy，LCOE）进行了综合分析。

"报告"认为，目前国际海洋能技术处于初级阶段，波浪能、潮流能、温差能发电装置建造成本（Capital Expenditure，CAPEX）中值分别为 11 000 美元/千瓦、9 850 美元/千瓦、35 000 美元/千瓦，年均运行维护成本（Operating Expenditure，OPEX）中值分别为 820 美元/千瓦、660 美元/千瓦、1 120 美元/千瓦；2020 年以后，波浪能、潮流能、温差能发电装置 CAPEX 中值将下降到 5 900 美元/千瓦、4 450 美元/千瓦、10 000 美元/千瓦，OPEX 中值将下降到 225 美元/千瓦、245 美元/千瓦、480 美元/千瓦，LCOE 中值将下降到 29.5 美分/千瓦时、20.5 美分/千瓦时、21.5 美分/千瓦时（见表 4.1）。CAPEX 降幅达 46.3%~71.4%，OPEX 降幅达 57.1%~72.6%。

表 4.1　海洋能均化发电成本分析

装置布放阶段	参 数	波浪能		潮流能		OTEC	
		最小	最大	最小	最大	最小	最大
第一代发电装置阵列/ 第一代发电场	总装机容量（兆瓦）	1	3	0.3	10	0.1	5
	CAPEX（美元/千瓦）	4 000	18 100	5 100	14 600	25 000	45 000
	OPEX［美元/（千瓦年）］	140	1 500	160	1160	800	1 440
第二代发电装置阵列/ 第二代发电场	总装机容量（兆瓦）	1	10	0.5	28	10	20
	CAPEX（美元/千瓦）	3 600	15 300	4 300	8 700	15 000	30 000
	OPEX［美元/（千瓦年）］	100	500	150	530	480	950
	利用率（%）	85	98	85	98	95	95
	功率系数（%）	30	35	35	42	97	97
	LCOE（美元/兆瓦时）	210	670	210	470	350	650
第一代商业化发电场	总装机容量（兆瓦）	2	75	3	90	100	100
	CAPEX（美元/千瓦）	2 700	9 100	3 300	5 600	7 000	13 000
	OPEX［美元/（千瓦年）］	70	380	90	400	340	620
	利用率（%）	95	98	92	98	95	95
	功率系数（%）	35	40	35	40	97	97
	LCOE（美元/兆瓦时）	120	470	130	280	150	280

关于潮流能发电技术成本，"报告"认为，潮流能技术相对更为成熟，技术形态较为固定，未来一段时期内，潮流能技术发展重点在于提高兆瓦级潮流能发电技术稳定性和可靠性，更多地积累更大规模的潮流能发电场建设及运行经验，从而带动潮流能发电成本的持续下降。2020-2025 年，潮流能技术 LCOE 总体上将下降61%（见图4.4）。

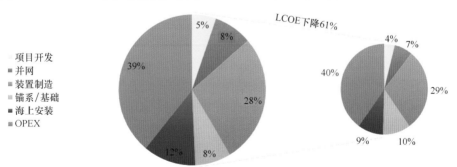

项目开发
■ 并网
■ 装置制造
□ 锚系/基础
■ 海上安装
■ OPEX

图 4.4　潮流能技术 LCOE 分析

关于波浪能发电技术成本，"报告"认为，波浪能技术种类较多，技术形态仍处于发散期,由于波浪能技术种类较多且多数示范效果尚未有突破进展,下一步还需在装置研发及示范运行上投入较多。2020—2025 年,波浪能 LCOE 总体上将下降 50%～75%(见图 4.5)。

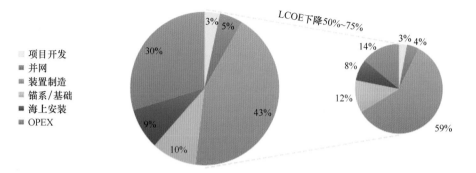

图 4.5　波浪能技术 LCOE 分析

关于温差能发电技术成本,"报告"认为,从温差能技术 LCOE 分析,从 5 兆瓦装置发展到 100 兆瓦装置阶段,LCOE 总体上将下降 40%～80%(见图 4.6)。未来一段时期内,需要积累更多的兆瓦级示范电站运行经验。

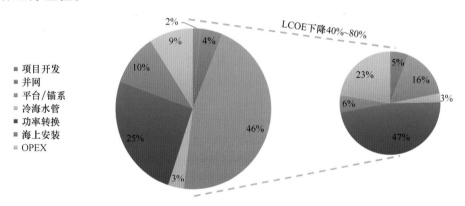

图 4.6　温差能技术 LCOE 分析

"报告"认为,海洋能技术发电成本构成也将变化较大。目前,国际海洋能发电装置的海上安装及 OPEX 成本仍然较高。就统计的相对成熟的潮流能和波浪能技术而言,海上安装及 OPEX 占到了 LCOE 的40%～50%,仅 OPEX 就占到了 30%～40%。随着国际海洋能技术逐渐成熟,海洋能装置的总体成本快速下降,成本结构也将发生明显变化。

从图 4.4 可以看出，潮流能技术 LCOE 中项目开发、并网、装置制造、锚系/基础、海上安装、OPEX 六部分费用，从当前阶段发展到商业化应用阶段，各部分的占比变化不大。

从图 4.5 可以看出，从当前阶段发展到商业化应用阶段，随着波浪能技术可靠性及生存性的提高，波浪能技术 LCOE 中的 OPEX 占比将快速下降，海上安装及 OPEX 占比将下降到 22%，装置制造成本占比将更大。

对于温差能发电装置而言，仅看其建造成本 CAPEX 构成，目前以平台/锚系建造费用为主（占到 50%），如果从 5 兆瓦型装置发展到 100 兆瓦型装置，CAPEX 将以能量转换系统制造费用为主（占到 61%），见图 4.7。

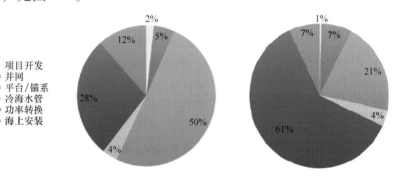

图 4.7　温差能 CAPEX 构成分析

第二节　国际电工委员会

国际电工委员会（International Electrotechnical Commission，IEC）成立于 1906 年，是全球成立最早的国际性电工标准化机构，负责有关电气工程和电子工程领域中的国际标准化工作。2007 年，波浪能、潮流能和其他水流能转换设备技术委员会（IEC/TC114）成立，负责为海洋能量转换系统制定国际标准，标准化的范围重点集中在将波浪能、潮流能和其他水流能转换成电能，也包括其他的转换方法、系统和产品。

2016 年 4 月 11-15 日，IEC/TC114 2016 年全体会议在中国科学院广州能源研究所召开（见图 4.8）。此次会议由国家标准化管理委员会主办，哈尔滨电机厂有限责任公司和中国科学院广州能源研究所承办，中国水利水电科学研究院和国家海洋技术中心协办，得到了中国船级社质量认证公司和东方电气集团东方电机有限公司的支持。这是 IEC/TC114 全体会议首次在中国召开，来自加拿大、中国、丹麦、法国、德国、爱尔兰、以色列、日本、荷兰、美国和英国 11 个国家的 24 位代表参加了会议，另有来自中国的 19 位专家列席了会议。

图 4.8　IEC/TC114 2016 年全体会议在广州召开

会议由 IEC/TC114 代理主席美国代表 Jonathan Colby 主持，14 个国际标准工作组召集人分别向参会专家介绍了本工作组的工作进展。各国首席代表介绍了本国自上次全体会议以来海洋能转换设备技术的进展情况，并进行了讨论（见图 4.9）。哈尔滨电机厂有限责任公司副总工程师、研究所副所长覃大清作为中国代表团首席代表，代表中国在会议上进行表决投票并在会上作"中国海洋能转换设备发展情况"报告。

会议期间，中外专家还到珠海万山岛进行了现场技术考察。专家们先后考察了多能互补的南海海岛海洋能独立电力系统和实海况运行中的 100 千瓦鹰式波浪能发电装置"万山号"。

图 4.9　与会专家现场交流与研讨

第三节　环印度洋地区合作联盟

1997 年，为促进地区经贸往来和科技交流，扩大基础设施建设等方面的合作，环印度洋的 14 个国家在毛里求斯召开部长级会议，通过《联盟章程》和《行动计划》，宣告环印度洋地区合作联盟（Indian Ocean Rim Association for Regional Cooperation，IOR‒ARC）正式成立（以下简称"环印联盟"）。截至 2011 年，"环印联盟"共有 19 个成员国、5 个对话伙伴国和 2 个观察员国。2000 年，中国被接纳为联盟对话伙伴国。"环印联盟"每年召开多个学术合作和信息交流、科技交流等方面的区域内会议。

2015 年 9 月 2‒4 日，"环印联盟"首届"蓝色经济"部长级会议在毛里求斯召开，澳大利亚、孟加拉国、科摩罗、印度、印度尼西亚、伊朗、马达加斯加、马来西亚、毛里求斯、莫桑比克、阿曼苏丹、塞舌尔、新加坡、南非、斯里兰卡、坦桑尼亚、泰国、中国等近 20 个成员国和对话伙伴国参会。国家海洋局国际合作司组团出席并就相关议题做了发言。

会议通过了《毛里求斯宣言》，"海洋可再生能源"被列为会议四大议题之一，参会代表就"加强与海洋可再生能源议题相关的能力建设""海洋可再生能源：印度洋区域的机遇与挑战""在印度洋区域，推动海洋可再生能源领域的合作与技术转让""推动海洋可再生能源的研究与发展""成立环印联盟海洋可再生能源核心工作组"等展开小组讨论。《毛里求斯宣言》宣布成立环印联盟"海洋可再生能源"核心工作组，鼓励研发、技术转让和能力建设，开发海洋潜在能源，促进区域的蓝色经济发展。

第四节　海洋能双边合作

一、中国-英国海洋能合作

自 2006 年以来，中英两国在能源领域开展了一系列的政府间合作与交流，"中英能源对话"框架机制日趋完善。国家海洋技术中心、中国海洋大学等先后与欧洲海洋能源中心（European Marine Energy Center，EMEC）开展了多种形式的合作。

2015 年 10 月，中国海洋大学在伦敦举行的第四届中英年度能源对话会上与 EMEC 签署了合作谅解备忘录。

二、中国-法国海洋能合作

法国具有巨大的海洋可再生能源开发潜力，拥有全欧洲第二大的近海风能与潮流能资源以及远海海域的巨大开发潜力。为了更好地利用这一资源，法国依靠发展工业、技术和科学创新，致力在诺曼底地区打造一个世界级的海洋能产业示范区（见图 4.10）。

诺曼底地区在潮流能和近海风能的发展上拥有超凡的优势，该地区拥有长达 470 千米海岸线，拥有 3 000~6 000 兆瓦潮流能资源，占欧洲潮流能资源的 50%，位居法国第一、全球第二。除了这些优势的自然条件之外，这里还拥有完备的基础设施。包括瑟堡（Cherbourg）港和卡昂-乌伊斯特勒昂（Caen-Ouistreham）港，并拥有成熟的电网设施、雄厚的工业基础和众多中小企业群。

作为未来海洋可再生能源的产业制造基地，瑟堡港的海洋可再生能源产业区的土地开发已经开始，开发面积将达 100 公顷，目前已开发 40 公顷，项目总投资达到 600 万欧元。阿尔斯通、西门子、法国 DCNS 集团、福伊特水电集团等知名跨国公司已在瑟堡港开展相关项目。法国 DCNS 集团于 2012 年 3 月在此建起一座潮流能机组制造厂。

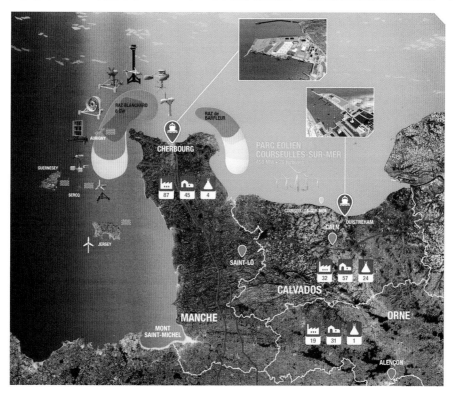

图 4.10　法国诺曼底地区海洋能开发规划及基础设施

近海风电场和潮流能电场的大型部件必须通过海上运输来实现建设与维护，这对港口提出了较高的生产、装配、储存与运输能力要求。卡昂-乌伊斯特勒昂港拥有足够的码头基础设施，可以同时容纳 2~3 艘船舶，距将建的风电场仅 11 海里，是该海上风电场维护中心的最佳选择。

法国诺曼底区具有强烈的海洋能国际合作意愿，已与全球多个地区的机构和组织建立了合作关系，主要目标是与各方分享海洋可再生能源项目开发方面的相关经验与实践。例如，与苏格兰 EMEC 及海洋能研究大学网及海峡群岛等区域都开展了海洋能合作。DCNS 集团下属的 OpenHydro 公司，与 EDF 合作于 2016 年 1 月 20 日在法国 Paimpol-Brehat 海域成功布放了 2 台直径 16 米（500 千瓦）的涡轮机组，将于 7 月前并入地方电网，届时有望成为国际上首个并网的潮流能发电装置阵列。

在 2014 年国际海洋能大会，诺曼底海洋可再生能源产业示范区与我国代表团沟通表达了合作意向。2015 年 8 月，诺曼底海洋可再生能源产业示范区代表团到访国家海洋技术中心，双方就海洋能合作进行了有效沟通。2016 年 2 月，在 2016 年国际海洋能大会，双方继续就海洋能领域合作进行了深入探讨。

三、中国-西班牙海洋能合作

2015 年 7 月，西班牙 BIMEP 试验场（4×5 兆瓦测试能力）正式建成，首个用户已开始在该试验场开展装置试验，目前 BIMEP 正在政府支持下安装水下电力连接中心。

2014 年，国家海洋技术中心与西班牙 TECHNALIA 研究与创新基金签署了合作备忘录，双方同意在海洋能海上试验场建设、海洋能装置测试评估服务等方面开展合作。2015 年 4 月，TECHNALIA 在西班牙主办毕尔巴鄂海洋能源周，国家海洋局批准国家海洋技术中心组团考察 BIMEP 试验场基础设施，并参观了 Mutriku 波浪能示范电站，国家海洋技术中心和西班牙 TECHNALIA 公司一致同意继续开展海洋能试验场方面的合作与交流。2015 年 10 月，在备忘录期满之际，双方续签了合作备忘录至 2018 年 12 月。

第五章　重大海洋能活动

第一节　国内海洋能重大活动

一、中国海洋可再生能源年会

2015 年 5 月 28 日，在中国海洋学会和中国海洋工程咨询协会的支持下，第四届中国海洋可再生能源年会（见图 5.1）在山东威海召开，会议由国家海洋技术中心和国家海洋局海洋可再生能源开发利用管理中心主办，哈尔滨工业大学（威海）、威海市海洋与渔业局、中国海洋工程咨询协会海洋可再生能源分会承办。国家海洋局陈连增副局长到会并发表重要讲话，国家海洋局科技司、国家海洋局国际司、山东省海洋与渔业厅、威海市人民政府、哈尔滨工业大学（威海）等派代表参加了会议。

图 5.1　第四届中国海洋可再生能源发展年会

本届年会以"规划布局、提升规模，催生蓝色能源亮点"为主题，共有来自政府部门、高等院校、科研院所、相关企业的 210 多名代表参会。由中国科学院广州能源研究所、国家可再生能源发展中心、国家海洋局科技司、国家海洋技术中心分别交流了4篇主旨报告（见图5.2），随后分海洋能战略及规划、海洋能技术及装备、海洋能支撑平台及标准化三个主题版块开展了互动交流。参会代表进行了广泛交流和探讨，充分发挥了年会的平台和桥梁纽带作用。

图5.2　陈勇院士做主旨报告

二、上海国际海洋技术与工程设备展览会

2015年11月3-5日，第三届上海国际海洋技术与工程设备展览会（OI China）在上海举办。此次展会得到了中国海洋学会、中国大洋矿产资源研究开发协会和国家海洋技术中心的支持，由励展博览集团与中国海洋学会海洋观测技术分会承办，旨在通过展示国内外顶尖技术与装备，推动海洋资源开发利用、海洋生态环境保护、海洋石油天然气勘探、海洋工程及海洋监测等领域的学术研究、信息交流和国际合作。

OI China 2016吸引了来自34个国家和地区的5 500多位行业人士以及来自21个国家和地区的219家参展商参会。来自10余个国家的43位知名专家就业内热点话题进行了7个主题38场次的演讲，并举行了中国水下机器人大赛等多种活动（见图5.3）。第四届上海国际海洋技术与工程设备展览会于2016年11月9-11日在上海跨国采购会展中心举办。

图 5.3　OI China 2015 论坛交流等活动

第二节　国际海洋能重大活动

一、国际海洋能大会

　　国际海洋能大会（International Conference on Ocean Energy，ICOE）每两年举办一次，是最具国际影响力的海洋能盛会。ICOE 聚焦海洋可再生能源产业发展，为从事海洋能产业的企业、科研院所和有关单位搭建合作平台，加速海洋能产业的发展。

　　2016 年 2 月 23-25 日，第六届 ICOE 在英国爱丁堡国际会议中心举行，此次会议由英国可再生能源协会及苏格兰可再生能源协会主办。会议以"从概念设计迈向商业化"为主题，来自 30 多个国家的 900 多名代表参会，共开展了 124 个报告及 53 个展板交流。此外，大会还设置了海洋能展览以及海洋能环境影响分论坛。

　　ICOE 2016 得到了英国政府和欧盟的高度重视，苏格兰地方政府企业、能源与旅游部部长费格斯·尤因和欧盟环境、渔业和海洋事务委员卡梅奴·维拉出席大会并致辞。

　　ICOE 2016 围绕"国际海洋能市场展望""海洋能技术成本降低""欧洲海洋能产业现状""美洲海洋能市场""新兴亚太海洋能市场""示范项目进展""资源评估""环境影响""准许、财政支持""测试场经验分享"等 26 个议题进行，中方参会代表分别做了"中国波浪能技术示范""中国海洋能市场分析""中国海洋能开发环境影响及其管理"等报告（见图 5.4），全面介绍了我国海洋能政策、技术、市场等现状和发展规划，得到与会代表的广泛关注。在海洋能展览区，中方参会代表还应邀与法国西诺曼底海洋能公司等参展商就合作事宜进行了会谈。

图 5.4　ICOE 2016 会场交流

二、欧洲波浪能和潮流能大会

欧洲波浪能和潮流能大会（European Wave and Tidal Energy Conference，EWTEC）主要关注海洋能技术及产业发展，面向海洋能研发人员、工程技术人员、海洋能产业链等相关人员。EWTEC 是全球领先的学术交流活动，在全球波浪能和潮流能教育和学术领域具有很大影响力。

首届 EWTEC 会议于 1993 年召开，此后每两年举办一次。2015 年 9 月 6-11 日，第十一届欧洲波浪能和潮流能大会（EWTEC 2015）在法国南特举办，由法国南特中央理工大学（École Centrale de Nantes）主办。主要议题包括：波浪能资源，潮流能资源，波浪能装置研发及测试，潮流能装置研发及测试，波浪能水动力模拟和结构力学，潮流能水动力模拟和结构力学，并网、PTO 及其控制，桩基保持（包括浮式基础）、材料、疲劳度、结构载荷，环境影响评估，经济、社会、政治及法律方面等。EWTEC 2017 将在爱尔兰科克举行。

三、亚洲波浪能和潮流能大会

亚洲波浪能和潮流能大会（Asian Wave and Tidal Energy Conference，AWTEC），是在 EWTEC 组织框架下专门为亚洲地区打造的区域性国际技术和科学的会议，专注于波浪能和潮流能。目的是为了促进区域性国家间分享彼此在海洋能领域的经验和知识，共同培育海洋可再生能源产业。首届 AWTEC 于 2012 年举办，此后每两年举办一次。第三届 AWTEC 于 2016 年 10 月 24-28 日在新加坡举行。

附录

OES 2015 年进展综述

2016 年 3 月，OES 发布了 2015 年年度报告。报告开篇指出：海洋能仍处于发展的初期阶段，尚无法对全球能源结构调整发挥作用。但要认识到，全球海洋能资源丰富，尤其是在很多沿海能耗需求较大的区域广有分布。海洋能发电技术还不够成熟，存在着可靠性和生存性等问题，与其他可再生能源相比成本仍然较高。然而，海洋能可作为长期清洁能源的不可替代的选项，是重要的就近应用的电源。

该报告全面总结了 OES 2015 年取得的主要成绩，并邀请国际海洋能界从业人士就国际海洋能开发利用的热点问题进行了交流和海洋能发展展望。

第一节 OES 成员国 2015 年进展

一、比利时

（一）海洋能政策

1. 国家战略

比利时到 2020 年实现可再生能源发电占总消费量的 13%。国家出台了针对风能（陆上风能和海上风能）、生物质能、沼气能和太阳能的激励措施。北海的海上风能建设特许权规划到 2020 年实现约 2400 兆瓦的装机，将对可再生能源发电产生重要影响。

2. 市场激励机制

比利时实行可交易绿色证书（TGC）机制，有效保障了可再生能源发电绿色能源证书市场。对于每一项可再生能源技术，由开发商、技术方、投资者和银行等利益相关方提议交易价格，确定可再生能源发电成本以及每兆瓦时欧元的 TGC 值，而且这一价格将经常更新。

3. 海洋能试验场

在距奥斯坦德（Ostend）港约 1 千米处建设了一个试验场，易于从奥斯坦德港进行海洋能装置布放及维护。场区布放有波浪骑士浮标、岸基摄像机、收发天线等设备，试验场周边还布放了定位航标。该试验场未并网。

4. 海洋能项目许可过程

比利时海洋空间规划划定了 7 个"海上风能、波浪能和潮流能"开发区。2012 年 7 月在离岸 55 千米处（水深 35～40 米，波功率密度为 6.5 千瓦/米）批准由 Mermaid 公司开发 266 兆瓦风电场和 5 兆瓦波浪能发电场，计划于 2020 年完成。

（二）海洋能研发项目

FlanSea 项目（2010—2013 年）针对北海海域研发中低海况的波浪能发电装置。项目合作伙伴包括蓝色能源、Cloostermans、奥斯坦德港、风电集团、Spiromatic、Contec 等公司以及根特大学。FlanSea 1/2 比例样机直径 4.4 米，高 5 米，重 25 吨，于 2013 年 11 月完成了海上测试（见附图 1），正在研发 FlanSea 改进型装置。

附图 1　FlanSea 装置海试

Laminaria 点吸收式波浪能装置，由系泊在海底的十字形浮标组成，技术特点是主动风暴防护系统，可在任何风暴天气中以额定功率进行发电。实现方法是调节发电装置与波浪的接触面。正常情况下，装置在水中，其顶部接近水面，当波浪发电功率超过额定功率时，装置则沉入水中。这种高度调整方式能够有效调控能量输入。2015年，1/4比例样机在比利时奥斯坦德海上试验场进行了测试（见附图2），表明风暴防护策略效果显著。在波高0.5米时，输出功率1千瓦。在波高2.7米时，装置运转正常。海试期间，波浪能至机械能（一级转换）效率达到81%。

附图2　Laminaria准备海试

（三）海洋能示范项目

1. 主要产业机构

2012年成立了Gen4Wave，充分利用产业部门、大学和政府的各自优势，最大化利用波浪能和潮流能测试场。

Mermaid公司获得海上风能和波浪能开发区许可权，该公司由Otary RS控股65%，Electrabel（法国燃气苏伊士集团）控股35%。其中，Otary由Aspriavi公司、风电集团、Nuhma公司、Power@Sea公司、Rent-A-Port公司、Socofe公司和SRIW能源公司共同出资。

在潮流能领域，比利时DBE公司与英国皇室财产局签署了一项用海协议，将在Islay岛（距林斯角8千米处）开发30兆瓦潮流能项目，在Fair Head开发100兆瓦潮流能项目。

2. 计划布放的项目

FlanSea II 装置将研发多个更大比例样机，并测试新型动力输出装置（PTO）。

Laminaria 计划于 2017 年在 EMEC 测试。

二、加拿大

2015 年，加拿大海洋可再生能源产业稳步推进。新斯科舍省制订了海洋能行业相关的法律。芬迪湾海洋能源研究中心（FORCE）宣布将建设第 5 个潮流能测试泊位，并开发布放了新型监测仪器用于潮流和紊流测量。加拿大与英国开展了几项国际合作研发项目。

（一）海洋能政策

1. 国家战略

《加拿大海洋可再生能源技术路线图》制订了加拿大海洋能产业发展目标，到 2016 年，潮流能、河流能和波浪能发电总量达到 75 兆瓦，2020 年达到 250 兆瓦，2030 年达到 2 000 兆瓦。

加拿大东海岸潮流能资源丰富，特别是在位于芬迪湾的新斯科舍省。《新斯科舍省海洋可再生能源战略》提出促进海洋能创新与研究，建立管理体系，鼓励具有市场竞争力的技术和产业部门发展。该战略于 2012 年发布，提出发展 300 兆瓦潮流能发电场的目标。

2. 法律法规

在联邦层面，加拿大自然资源部通过海洋可再生能源启动措施计划，继续主导海洋可再生能源活动发展。

2015 年，新斯科舍省政府通过了《海洋可再生能源法案》，该法案适用于新斯科舍省芬迪湾和布拉多尔湖，包括潮流流、潮汐能、海上风能、波浪能和海流能在内的海洋可再生能源开发必须考虑环境影响和地方利益，此外，该法案还确立了一套海洋能项目用海许可体系。

3. 市场激励机制

2011—2015 年，新斯科舍省为潮流能开发商提供了两种方式上网电价补贴（FIT），一个是基于社区的上网电价补贴（COMFIT），标准为 0.652 加元/千瓦时（约合人民币 3.3 元/千瓦时），为用于社区的较小规模的海洋能发电项目提供补贴；另一个是向大型开发项目提供的优惠补贴，标准为 0.375~0.575 加元/千瓦时（约合人民币 1.9~2.9 元/千瓦时）。2015 年 11 月发布的新斯科舍省电力规划，对可再生能源发电不再采取保障性上网电价补贴，而是更为公平的竞争性政策，对已批准的 FIT 项目继续实行。

FORCE 目前可提供 4 个并网测试泊位。2014 年 11 月，有 4 个潮流能开发商获得了 FIT 支持，总计将在 FORCE 实现潮流能装机 17.5 兆瓦。其中，米纳斯能源公司开发 4 兆瓦，黑岩潮流能公司开发 5 兆瓦，亚特兰蒂斯加拿大业务公司与 DP 能源合作开发 4.5 兆瓦，Emera 和 OpenHydro/DCNS 共同出资的 Cape Sharp 潮流能联合公司（CSTV）开发 4 兆瓦。

2015 年 12 月，新斯科舍省宣布与爱尔兰 DP 能源公司签署协议，计划在 FORCE 启动 5 号泊位 4.5 兆瓦潮流能发电项目，DP 能源计划安装 3 个 1.5 兆瓦型 Andritz Hydro 机组。

在 FORCE 的每个开发商都获得了为期 15 年的电力购买协议。Cape Sharp 潮汐公司计划于 2016 年年初在芬迪湾部署其第一个涡轮机组。

此外，芬迪潮流能公司获得了三项新斯科舍省 COMFIT 支持，为 500 千瓦以下小型潮流能发电装置并网提供超过 20 年的合约。

FIT 提供的补贴将通过新斯科舍纳税人增税（2%以内）解决。

4. 公共资金计划

加拿大公共资金计划主要由加拿大自然资源部能源研发办公室管理。自 2010 年起，已投入约 3 700 万加元开展海洋能研发及示范。此外，加拿大政府的半官方基金会——加拿大可持续发展技术基金（SDTC）已投入约 1 300 万加元开展海洋能研发及示范。

国家研究理事会（NRC）工业研究支持计划（IRAP）也支持了一些早期技术评估、物模与数模等实验。绝大部分项目都适用于科学研究及实验开发税收减免优惠政策。

在省级层面，新斯科舍省为 FORCE 投资了 1 100 万加元。此外，新斯科舍省海洋能源研究协会（OERA）支持了许多海洋能领域战略研究项目，大约投入 350 万加元。另外，位于新斯科舍省、魁北克省、安大略省和不列颠哥伦比亚省的一些省级经济发展机构和基金会也投入超过 1 000 万加元支持海洋能发展。

5. 海洋空间规划

《海洋法案》《加拿大海洋战略》《加拿大河口、海岸和海洋环境综合管理政策和运行框架》等政策为加拿大海洋管理提供了一般性指导。

6. 海洋能项目许可过程

新斯科舍省《海洋可再生能源法》确立了海洋能项目开发许可流程，未经批准的任何海洋能发电项目都属于违法行为。发放许可后，项目开发商可以在"海洋能开发区"内布放单个或多个海洋能发电装置。对于临时用海的海洋能测试及示范装置，则发放临时许可证。该流程确保了所有海洋能开发利用项目都受政府的有效监管。

7. 海洋能试验场

潮流能试验场

2014 年，FORCE 潮流能试验场完成了 4 条水下电缆铺设，总长度达 11 千米，总电力传输容量 64 兆瓦，可为 2 万户家庭提供用电。每条 34.5 千伏电缆的重量均超过 100 吨。2015 年，FORCE 完成了岸基电力基础设施扩容至 20 兆瓦工程。

CSTV 公司于 2015 年在 FORCE 试验场铺设了一条海底电缆，新下水了"新斯科舍潮流能"布放用驳船。该电缆将连接 CSTV 发电装置和 FORCE 的 16 兆瓦海底主输出缆。"新斯科舍潮流能"布放船于 2015 年 12 月首航，该船为双体结构，是加拿大大西洋地区起重能力最大的驳船，船长 64 米，宽 37 米，重 650 吨，具有 1 150 吨运载能力，配备了 3 个重型绞车，可有效保证潮流能装置的海上布放与回收。

为保障潮流能装置海上布放，FORCE 建造了两套水下平台——芬迪先进传感器技术（FAST），配备了一整套资源和环境监测仪器（见附图3）。目前，两个平台都在进行海试。

附图3　FAST平台即将布放

作为FAST的一部分，FORCE与Nortek Scientific公司和达尔豪斯大学合作开展了一个项目，可提供潮流能装置所在位置的高精度流速和湍流数据。FORCE还建设了岸基监控系统，包括X波段雷达、气象塔和验潮站，以便实时立体观测场区环境。

FORCE正与加拿大海洋网（ONC）合作，实现FAST数据的在线访问（http：//fundyforce.ca/visit/live-video/）。

河流能试验场

加拿大流体动力涡轮机试验中心（CHTTC）在温尼伯河建有河流能涡轮机试验设施。2015年，CHTTC测试了3个技术开发商的4台涡轮机。CHTTC采用IEC TC114标准中62600-200部分，即潮流能涡轮机性能评价。2015年，CHTTC观测数据分析显示，涡轮机的运行对鱼类活动无显著影响。

波浪能试验场

北大西洋大学（CNA）在纽芬兰岛南部建设了波浪能研究中心（WERC），主要开展波浪能为新型岸基水产养殖实施供电研究。安装了试验场天气和波浪观测设备，并开展了三年多观测。距海岸1.5千米海域内有6个布放区（水深6~30米），建有专用码头非常适合波浪能发电装置的布放。CAN研制的点吸收式波浪能发电装置缩比尺模型测试已经完成，预计于2016年开展全比例样机研发，该装置重约10吨，可将高压水传送至岸边用于养殖、发电等用途。

（二）海洋能研发项目

加拿大维多利亚大学综合能源系统研究所（IESVic）通过西海岸波浪计划（WCWI）持续开展海洋能研究。WCWI 已完成高分辨率波浪能资源评估，波浪能发电装置技术仿真等工作。WCWI 开发了大不列颠哥伦比亚省高分辨率波浪模型，并邀请多个技术开发商（Resolute 海洋能公司、Carnegie 波浪能公司、Seawood 设计公司和 Accumulated 海洋能公司）评估波浪能发电装置设计和控制系统配置，结合详细波浪能资源以及发电装备的性能特点，估算出大不列颠哥伦比亚省未来波浪能发电场的详细发电量。这一做法相当于电站级波浪能资源详查与评估。

（三）海洋能示范项目

1. 已运行项目

- 新能源公司。2014 年，该公司在 Ringmo 安装了 5 千瓦 EviroGen 垂直轴式河流能涡轮机，示范运行了 4 个月，并于秋季关闭，2015 年春季重新投入运行。2015 年，新能源公司在缅甸安装了 2 台 5 千瓦 EnviroGen 涡轮机，为一所学校提供全年的电力。

- Mavi Innovations 公司。2014 年 11 月，该公司在 CHTTC 第一次测试了 Mi1（20 千瓦）漂浮横流式海流能发电装置，在寒冬进行了两周多时间，获取了在加拿大冬季（空气温度−30℃）设计和运行涡轮机机组难点的第一手材料。2015 年 7 月，在 CHTTC 布放了 Mi1 涡轮机，进行了 4 个多月测试（见附图 4）。

附图 4　Mi1 河流能装置

● Instream 能源系统公司。自 2013 年起，在美国华盛顿罗扎运河试验场开展试验（见附图 5）。Instream 公司获得了欧盟和加拿大政府提供的基金，与英国 IT Power 公司合作开展海洋浮式平台设计。

附图 5　Instream 公司河流能装置

● Mermaid Power 公司。研制的点吸收式波浪能发电装置已完成水池测试，证明了其动力输出装置（PTO）以及潮流补偿系统的可行性。2015 年 12 月，"海王星 3 号"发电装置在大不列颠哥伦比亚省基茨岛试验场开展并网测试。"海王星 3 号"重达 16 吨，仅运动浮子就重达 3.5 吨（见附图 6）。

附图 6　Mermaid Power 公司的"海王星 3 号"发电装置

● Accumulated 海洋能公司。2015 年在大不列颠哥伦比亚省温哥华岛海域测试了 1/12 比例点吸收式波浪能发电装置样机。

● 20 兆瓦安纳波利斯潮汐能电站。1984 年建成并运行至今。由新斯科舍省电力公司运营管理，是北美地区唯一的商业化潮汐能电站。

2. 计划布放的项目

- 新斯科舍省未来 3~5 年将在芬迪湾开发 22 兆瓦潮流能发电项目。首个计划布放的项目来自 CSTV 公司，计划在 2016 年春季布放首台涡轮机。芬迪潮流能公司致力于推进小比例潮流能项目。

- 新能源公司获准为马尼托巴一社区安装 25 千瓦 EnvioGen 发电系统，计划于 2016 年进行设备制造，2016 年夏季安装。

- Water Wall Turbine 公司计划于 2016 年在温哥华菲沙河测试其 500 千瓦全比例潮流能样机。后续将应用于丹特岛微网示范项目。

- Instream 能源系统公司获准于 2017 年在美国西北部开展潮流能试验，将多个涡轮机集成到一个独立浮式平台上，输出功率约 100 千瓦。此外，该公司将为美国新罕布什尔大学提供一台 25 千瓦潮流能机组，预计于 2016 年年底完成。

- Mermaid Power 公司的"海王星 4 号"点吸收式波浪能装置计划于 2016 年底布放在温哥华岛西海岸，测试系统在海上风暴时的运行能力。

- Jupiter Hydro 公司于 2015 年在 CHTTC 测试了其螺旋状潮流能机组比例样机，计划于 2016 年年底在 EMEC 布放 1 兆瓦机组。

- Accumulated 海洋能公司将于 2016 年第二季度在爱尔兰科克成立办事处，一台 1/4 比例点吸收式波浪能发电装置将布放到戈尔韦湾试验场。

- Grey Island 能源公司计划于 2016 年在苏格兰布放其 1/4 比例 SeaWEED 波浪能发电装置样机。

（四）其他相关活动

1. 国际性活动

为进一步推动加拿大与英国联合声明，加拿大新斯科舍省海上能源研究联盟（OERA）与英国技术战略委员会（TSB，现称 InnovateUK）于 2014 年 3 月签署了谅解备忘录，将开展高流速潮流能环境下创新技术的联合研究，2015 年支持了 2 个项目：Emera 公司、OpenHydro 公司、Ocean Sonics 公司、阿卡迪亚大学、加拿大哺乳动物研究所（SMRU）、来自英国的 Tritech 公司和 SMRU 公司利用主动和被动声传感技术联合开展芬迪湾潮流能试验场鱼和哺乳动物实时跟踪研究。Rockland 科学集团、达尔豪斯大学、Black Rock 潮流能公司和来自英国的 FloWave TT 公司、EMEC 以及 Ocean Array Systems 公司联合研发一个监测湍流对潮流能装置影响的传感器系统，以改进潮流能机组设计和运行性能。

2007 年 IEC TC114 成立以来，加拿大积极参与海洋能标准制定。共有来自工业、学术以及联邦和省政府的 32 位技术专家加入了加拿大专家组。

2. 其他活动

新斯科舍省和大不列颠哥伦比亚省于 2015 年 7 月签署谅解备忘录，双方将共同开发芬迪湾潮流能资源以及大不列颠哥伦比亚省西海岸的波浪能资源。

2015 年 4 月，新斯科舍省海上能源研究协会（OERA）发布了该省的《潮流能开发价值议案》，预计海洋能产业到 2040 年将为新斯科舍省 GDP 贡献 17 亿加元，提供 22 000 个就业岗位。

2016 年秋季将召开加拿大海洋可再生能源年会。

三、爱尔兰

爱尔兰积极利用其丰富的波浪、潮流和海上风能资源，同时努力发展海洋能产业。2014 年发布《海洋可再生能源发展规划》（OREDP），并通过海洋可再生能源指导小组（ORESG）指导实施，为海洋能开发利用提供了真正协作的发展环境，所有相关机构和政府部门共同合作以支持该新兴领域的发展，并为爱尔兰海洋能产业提供一站式服务。爱尔兰拥有独特的海洋能发展模式与试验场设施，2015 年得到显著改善。爱尔兰重视加大对技术开发的投入以及对学术基础研究的支持，过去一年里，随着一些重点项目的开展，在这两个方面都已取得切实的进步。

（一）海洋能政策

1. 国家战略

海洋可再生能源发展规划（OREDP）

2014年4月，爱尔兰政府通信、能源和自然资源部（DCENR）正式发布了爱尔兰《海洋可再生能源发展规划》（OREDP）（http：//www.dcenr.gov.ie/energy/en-ie/Renewable-Energy）。以战略环境评估（SEA）为依据，分低、中、高三种发展水平研究了全国海洋能发展潜力，OREDP为海洋能发展提供了重要的框架支持。

OREDP的发展愿景是："基于一贯的政策、规划和管理以及综合管理方式，使爱尔兰海洋能资源开发利用能够促进国民经济发展与可持续增长，创造更多的就业机会。"规划分两部分。第一部分论述了发展机遇、政策背景与行动计划，包括10个重要的发展举措；第二部分重点介绍了规划的战略环境评估。OREDP的实施由DCENR牵头，并由海洋可再生能源指导小组（下称ORESG）进行积极监督。ORESG由相关政府部门机构组成，必要时，还包括研发人员以及更广泛利益相关者和用户。指导小组直接向部长汇报工作，OREDP将于2017年年底进行评估。

OREDP的实施分三方面开展：环境、基础设施和创造就业。创造就业工作组主要负责确定额外财政资金需求，发展供应链以及传达"爱尔兰是一个商业开放国家"的信息；环境工作组确保海洋能行业用海用地审批以及开展战略环境评估（SEA）保证海洋能的环境可持续发展；基础设施工作组负责与其他政策的协调，如国家港口政策（NPP）和电网25（Grid 25）项目，从而加快综合基础设施建设，促进海洋能产业发展。

爱尔兰向低碳能源的未来转型（2015-2030年）

2015年，DCENR发布了《爱尔兰向低碳能源的未来转型2015-2030》白皮书，这是爱尔兰能源政策的一个完全更新。白皮书制定了用于指导政府2030年之前能源领域政策与行动的框架，考虑了欧洲和国际气候变化的相关协议与目标，同时还考虑了爱尔兰的社会、经济和就业等问题。白皮书预测海洋能将对爱尔兰能源在中长期内的转型起到重要的促进作用，并重申了 OREDP 作为该领域发展的指导框架地位。

海洋能门户网站

2014 年 11 月正式启用了海洋能门户网站，列出了海洋能评估、研发以及管理等相关的海洋数据、地图、工具、资金和信息等栏目。该网站启用以来，已成为爱尔兰所有开发人员的"首选商店"，提供最相关以及最新的专业信息（www. oceanenergyireland. ie）。

2. 市场激励机制

OREDP 提出的一个重要举措是制定海洋能初期市场支持电价（Initial Market Support Tariff），将对商业化前期的 30 兆瓦以内的海洋能（波浪和潮流）试验和示范运行给予每兆瓦时 260 欧元的电价支持。

2015 年 7 月，DCENR 发布了一份技术评估咨询报告，建议从 2016 年起为爱尔兰的可再生能源发电提供新的电价体系。其中，也提及了波浪能和潮流能市场支持电价。

3. 公共资金计划

SEAI 海洋能样机研发基金

SEAI 样机研发基金重点支持企业牵头开展海洋能发电装置与系统的研发及布放。自 2009 年启动以来，已有 65 个技术项目获得 SEAI 的支持。

2015 年，15 个新项目共获得 430 万欧元的资助。其中，海洋能公司（Ocean Energy）获得 230 万欧元，用于设计建造全比例波浪能发电装置——OE 浮标，该转换器将在位于夏威夷的美国海军波浪能测试场布放并测试；SeaPower 公司获得 100 万欧元，用于在戈尔韦湾测试其 1/4 比例的波浪能发电装置；GKinetic 能源公司获得 20 万欧元，用于开展其潮流能机组牵引试验；此外，还支持了一些新型波浪能装置概念设计和水槽试验项目以及海洋能开发利用区可行性研究项目。

OCEANERA-NET

在欧盟 FP 计划支持下，SEAI 和来自 9 个欧洲国家的 16 个机构共同参与了海洋能欧洲研究区网络（OCEANERA-NET），并于 2014 年年底召开了首次联合会议，多家爱尔兰机构成功参与了相关计划提议，第二次联合会议于 2016 年 2 月启动。

4. 海洋能试验场

爱尔兰拥有独特海洋能研发设施和测试场基础设施，包括位于科克的爱尔兰国家海洋试验实验室，戈尔韦湾海洋能 1/4 比例测试场以及位于梅奥郡贝尔马利特附近的大西洋海洋能全比例测试场。

戈尔韦湾海洋能测试场

爱尔兰 1/4 比例海洋能测试场位于戈尔韦海洋和可再生能源测试场内，离岸 1.5 千米，水深 20~23 米。可为波浪能装置及部件提供测试及验证服务。

2015 年，SEAI 和爱尔兰海洋可再生能源中心（MaREI）等合作在该试验场建设了一个海底观测站，铺设了一条 4 千米长的水下电缆，应用水下相机、探头和相关传感器进行连续和远程的实时水下监控。

2015 年 11 月，SEAI 宣布与苹果公司签订谅解备忘录，推动爱尔兰的海洋能源开发，苹果公司投入 100 万欧元帮助获得 SEAI 资助的开发人员在戈尔韦湾海洋能试验场测试其海洋能装置样机。

大西洋海洋能源试验场

大西洋海洋能源试验场（AMETS）由 SEAI 投资开发，用于开展全比例波浪能发电装置并网测试。AMETS 位于梅奥郡的贝尔马利特以西的 Annagh Head。

该试验场将在水深 50 米和 100 米的水域建设两个独立测试区。AMETS 岸基变电站等部分的规划许可，将于 2016 年年初提交。2015 年年底，已与当地政府签署了 AMETS 用海租约。

（二）海洋能研发项目

1. 政府资助项目

爱尔兰海洋可再生能源中心（MaREI）

MaREI 是由爱尔兰科学基金会支持建立的海洋能中心，承担了海洋及可再生能源领域中的主要科学、技术和社会经济挑战。除了促进基础研究活动外，MaREI 还支持海洋能方面的创新研究，以缩短技术进入市场的时间，并降低竞争成本。

到 2015 年年底，MaREI 与 45 个海洋和可再生能源领域中小企业开展了项目合作，合同额 500 万欧元。

波弗特大楼和爱尔兰国家海洋试验场（NOTF）

MaREI 总部所在的波弗特大楼，于 2015 年 7 月正式建成。大楼建筑面积 4 700 平方米，分 5 层，可容纳 135 名研究人员和后勤员工，建有一系列先进的测试水槽与专用车间。爱尔兰国家海洋试验场也建于此，包括 4 个波浪能水槽和一套电力测试设施。

到 2015 年年底，MaREI 获得了 400 万欧元基础设施基金，在 NOTF 试验场建设"开放式海洋仿真器"以精确模拟真实海洋波浪状况。

2. 国际合作项目

● 海洋能论坛。海洋能论坛由欧盟委员会海事事务与渔业总局（DG MARE）创办，旨在共同解决海洋能领域难题，并制定可行的解决方案。爱尔兰代表一直积极参与制定战略路线图草案，提出了海洋能技术市场化的 6 点规划。2015 年 10 月，在都柏林召开了一个高级别的海洋能论坛，主要讨论战略路线图草案的初步结论。该论坛由 SEAI 主办，与每年在都柏林克罗克公园召开的海洋能欧洲大会及展览（OEECE）同期举行。

● IEC TC114。爱尔兰成立了对口委员会（TC18），与国际电工委员会（TC114）合作制定海洋能行业标准和导则。2015 年 4 月，在都柏林城堡召开了 TC114 国际全体会议和相关工作组会议。

● 刚体水动力模型竞赛。由 MaREI 发起，旨在评估海洋能系统建模和仿真的不同方法。来自韩国、加拿大、美国、爱尔兰和挪威的 6 支队伍参加该竞赛，最后，来自美国国家可再生能源实验室（NREL）的队伍赢得胜利。

● 国际智能海洋研究生教育计划。爱尔兰推出由智能海洋组 6 个成员组织共同出资的研究生课程计划，首轮博士教育始于 2013 年。

3. 欧盟项目

迄今为止，MaREI 总共获得了欧盟超过 600 万欧元的资助，与来自 19 个国家的 67 家研究机构开展了合作研究，发表了 149 篇期刊论文和 133 篇会议论文。MaREI 研究人员参与的海洋能项目包括以下几个。

- 浮式潮流能商业化项目（FloTEC）。该项目将研究漂浮式潮流涡轮机提供低成本电力的可行性。项目将在一个现有的浮式潮流能阵列附近布放一台新建造的潮流能涡轮机，作为潮流能商业化示范平台。项目团队聚集了潮流能领域的世界级专家以及供应链合作伙伴。

- 共享开放海域作业经验以降低波浪能成本（OPEAR）。OPERA 的主要目标是共享开放海域作业经验以降低波浪能成本。充分开发欧洲波浪能资源潜力的一个主要挑战就是获取数据，波浪能研发团队并非总能获取开放海域作业及测试数据。OPERA 将通过收集和共享震荡水柱式波能装置两年海试数据的方式解决该难题，这些作业经验的记录和共享将引起波浪能风险和不确定性认知、成本以及社会和环境影响等方面的跳跃式进步。

（三）海洋能示范项目

- 新奇技术（Tfl）。该项目在戈尔韦湾 1/4 比例测试场 Mobilis 8 000 资料浮标上成功安装并测试了弹性系留索。Tfl 系统大幅度降低了极端天气下漂浮式设备所承受的载荷。系留索由弹性橡胶部件和坚硬的热塑性弹性部件构成，弹性橡胶部件可在一般海况下拉伸，而热塑性弹性部件可在强风暴海况中压缩。项目验证了该系统可抵御百年一遇的风暴。

- GKinetic。GKinetic 公司位于利默里克郡，主要从事垂直轴式潮流能机组研发。曾先后在爱尔兰国立高威大学和法国海洋开发研究院进行过水槽测试，并对模型进行了优化设计。2015 年年底，GKinetic 在利默里克码头对 1/10 比例样机进行了拖曳试验。

- WestWave。ESB 公司的 WestWave 项目旨在开发一个 5 兆瓦的波浪能项目。项目正处于资本投资和采购阶段，正在开展的工作包括获取开发许可、资源调查、工程设计等。预计 2016 年会取得用海许可。

四、荷兰

2014 年 9 月 10 日，荷兰正式成为 OES 成员国，缔约机构为荷兰企业局（RVO）。20 世纪 80 年代开始，荷兰开始研究海洋能，开展了各种海洋能技术的研发示范项目。2014 年，经济事务部（MEA）和基础设施与环境部（MIE）委托开展了一项水能领域出口潜力（至 2023 年）调研，并展望到 2035 年。

（一）海洋能政策

1. 国家战略

荷兰尚未制定海洋能国家战略和具体目标。可再生能源国家目标是到 2023 年实现 16% 的占比目标。2014 年 7 月，北海空间议程（NSSA）提交议会，表明该地区潮流能和波浪能开发潜力高达 2 000 兆瓦。

2. 市场激励机制

未出台关于海洋能的具体激励机制。可通过能源创新示范（DEI）补贴体系支持荷兰技术出口项目。

3. 公共资金计划

20 世纪 90 年代起，经济事务部对包括海洋能在内的研发项目投入了大量资金，包括 Archimedes 波浪摆、Tocardo 潮流能机组、REDstack（盐差能）、BlueWater（潮汐能）、BlueRise（OTEC）、Teamwork 科技（潮汐、波浪能）等。

4. 海洋能项目许可过程

荷兰航道与公共工程部（DWPW）负责相关项目审批。

5. 海洋能试验场

- Den Oever-Tocardo，潮流能测试场，流速高达 5 米/秒。

- Grevelingen Barrier，低水头潮汐能试验中心（规划）。
- Labschale 试验场，荷兰海事研究所（Marin）、代尔夫特理工大学（TU Delft）、三角洲研究院（Deltares）、国家应用科学研究院（TNO）、瓦赫宁根大学（Wetsus）、瓦格宁根海洋研究所（Imares）、荷兰能源研究中心（ECN）共同参与。

（二）海洋能研发项目

- Den Oever-Tocardo 潮流能示范电站。
- 代尔夫特理工大学 BlueWater 潮流能项目。
- REDstack Sneek 盐差能示范项目。
- 代尔夫特理工大学温差能项目。
- Teamwork 科技公司 Archimedes 波浪摆项目。
- Tocardo VAWT 垂直轴潮流能技术。

（三）海洋能示范项目

1. 已运行项目

- Tocardo-Huisman 1.2 兆瓦潮流能电站（见附图7）。

附图7　Tocardo-Huisman 1.2 兆瓦潮流能电站

2. 计划布放的项目

- 库拉索岛 OTEC 示范项目（500 千瓦）。
- 马尔斯水道（Marsdiep）潮流能项目（200 千瓦）。
- Tocardo（Eastern Scheldt）二期项目（2 兆瓦）。
- Brouwers Barrier 潮汐能电站（2018 年以后启动）。

五、新西兰

新西兰拥有全球第五大专属经济区（EEZ），可再生能源发电供应占有很高比例。

（一）海洋能政策

1. 国家战略

新西兰制定了到2025年可再生能源供电达90%的目标。

- 2011-2021年，能源战略重点是发展多样化的可再生能源，特别是新兴可再生能源技术。

- 海洋能的商业化有助于实现2025年可再生能源供电目标。

2. 监管框架

根据《资源管理法》，新西兰环境保护署（EPA）负责管理离岸12海里以外海域海洋活动。12海里以内海域开发利用由地方相关部门管理。

3. 公共资金计划

新西兰海洋能布放基金（MEDF）于2012年终止。企业、创新与就业部（MBIE）的能源类基金曾支持波浪能发电装备和潮流能发电阵列研发。

4. 海洋能试验场

计划建设的NZ-MEC试验场位于惠灵顿近海，将促进新西兰海洋能产业链融入全球海洋能制造和服务市场，为新西兰研制的海洋能装备商业化及出口创造机会。目前，NZ-MEC正在等待MBIE的审批。

（二）海洋能示范项目

AzuraWave（WET-NZ）最初是由新西兰皇家研究所——卡拉翰创新公司（CI）研发的波浪能技术，利用浮体与壳体间的相对旋转，可从波浪的垂直运动和水平运动获取能量（见附图8）。自2006年研发以来，已从最初的概念设计发展到实海况试验阶段。2010年开始，美国西北能源创新公司与 CI 公司合作，进一步开发与优化该技术。目前已经在新西兰和美国俄勒冈州开展了示范运行，正在美国海军波浪能试验场准备开展并网示范项目。

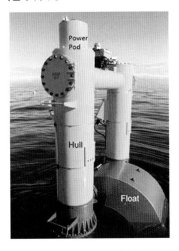

附图 8　AzuraWave 波浪能装置

（三）其他相关活动

1. 新西兰波浪能与潮流能联盟（AWATEA）

AWATEA 于 2006 年 4 月成立，旨在推动新西兰海洋能行业的发展。主要目标包括以下几个。

- 推动新西兰海洋能研究、装备制造和其他服务；
- 提高海洋能在可再生能源中的比例；
- 加大海洋能的舆论宣传；
- 推动海洋能行业信息交流；
- 促进海洋能行业集聚。

2. 海洋可持续发展基金

2015 年主要完成了该基金筹备工作，2016 年将正式成立。

六、挪威

(一)海洋能政策

1. 国家战略

挪威未专门出台海洋能政策,在可再生能源政策和计划中包含了海洋能部分。

2. 市场激励机制

2011年,挪威与瑞典签署了联合绿色电力证书市场协议。从2012年起的15年中,所有新增可再生能源发电每兆瓦时可获得一个证书。每个证书的价格由市场决定。可再生能源发电商的补贴(电力现货市场+绿色证书)将达50~55欧元/兆瓦时。这一价格不足以支撑波浪能和潮流能项目。

3. 公共资金计划

挪威能源署(Enova)为海洋能示范项目提供资金补助,为单个项目最多提供成本覆盖率达50%的补助。此外,针对国外研发的装置在挪威海域应用的情况,Enova推出新能源技术示范支持计划。挪威创新局(Innovation Norway)通过"环境友好型技术"计划支持装置样机研发,最多提供45%的资金支持。挪威研究委员会通过ENERGIX能源研究计划,支持可再生能源技术研发。2014年,这三家研究机构预算合计达1.1亿欧元。

4. 海洋空间规划

《海洋能源法案》于2010年7月1日生效。所有海上风电、波浪能、潮流能项目用海必须事先通过政府审批。

5. 海洋能试验场

● Runde环境中心(REC)位于挪威西海岸伦德岛,可作为波浪能发电设备试验场。其中一条3千米海底电缆(500千瓦)可提供并网能力。Wave4power波浪能装置即将在REC进行测试。

- Stadt 拖曳水池（STT）创建于 2007 年，主要为海洋研发机构提供相关试验和研究服务。

（二）海洋能研发项目

挪威科技大学（NTNU）和挪威科技工业研究院（SINTEF）海事研究院（MARINTEK）在特隆赫姆成立了一个海洋能联合研究中心，研究领域包括：技术检测和验证、控制系统、锚泊系统、海上结构物、设备优化设计和载荷建模等。

（三）海洋能示范项目

1. 已运行项目

Havkraft AS 是一家波浪能发电研发公司。2015 年，在挪威松内湾测试了 Havkraft 波浪能装置（H-WEC）样机，共运行超过 4 500 小时，最大波况达 2 千瓦/米。目前测试装置用于海上水产养殖等领域以及与海上风能的综合利用。

2. 计划布放的项目

- Deep River 公司研发了移动式便于运输和扩展集成的"即插即用"河流能/潮流能发电装置（见附图 9）。2015 年测试了 250 千瓦装置样机。

附图 9　Deep River 公司发电装置

- Flumill 公司研制的潮流能发电装置，计划于 2017 年在英国 EMEC 布放第一台并网示范机组（2 兆瓦）（见附图 10）。
- Andritz Hydro Hammerfest 公司成立于 1997 年，研发的 HS-1500 潮流能机组（1.5 兆瓦），接近商业化应用（见附图 11）。目前公司与英国 Atlantis Resources 公司正合作开发 MeyGen 潮流能发电场。

附图 10　Flumill 螺旋式机组

附图 11　HS-1500 机组

七、葡萄牙

（一）海洋能政策

1. 国家战略

《国家海洋战略（NOS）2013—2020》是葡萄牙海洋经济和能源可持续发展的指导政策。

2. 法律法规

2015 年 3 月发布 2015/38 号法令，实施国家海洋空间规划和管理政策，制定了海洋空间规划的总体原则和相关法律框架。7 月 30 日发布的 2015/57 号部长理事会决议，通过了促进清洁能源资源多样化的能源金融工具。7 月 13 日发布的 2015/202 号部长令批准了波浪能和海上风能项目试验或试商用阶段的补助政策，项目前 20 年享受每兆瓦时 80 欧元的上网电价补贴，如果获得葡萄牙碳基金（FPC）的补助，将额外增加每兆瓦时 20 欧元补贴。

3. 公共资金计划

葡萄牙科学技术基金会（FCT）为包括海洋能在内的科学研究提供资金支持。FCT 加入了海洋能欧洲研究区网络（OCEANERA - NET），该网络由来自欧洲 9 个国家的 16 个海洋能研究资助机构组成。

葡萄牙和欧盟共同实施的《葡萄牙 2020》，确定了 2014—2020 年欧盟投资资金在葡萄牙进行商业投资的优先级。在其中的 COMPETE2000 和 PO SEUR2020 计划中提到支持海洋能的可持续性和国际化。

4. 海洋空间规划

2015 年 3 月发布的 2015/38 号法令为国家海洋空间规划和管理（LBOGEM）奠定了基础，确定了在包括 20 海里外大陆架在内的整个国家海域实行海洋空间规划的法律框架。

5. 海洋能项目许可过程

- 水资源利用许可，由葡萄牙环境署（APA）管理；
- 装机容量 25 兆瓦以下，时间不足一年的装置海试都需要许可；
- 海试时间更长的装置强制要求获得特许；
- 环境许可，由区域发展协调委员会管理；
- 发电及并网许可，向葡萄牙电力公司申请；
- 陆上基础设施建设许可（如变电站、电缆线路），由所在地政府进行管理。

6. 海洋能试验场

2008 年，葡萄牙政府指定圣佩德罗-迪穆埃尔（S. Pedro de Moel）区域作为葡萄牙波浪能研发试验场（Ocean Plug），面积达 320 平方千米，水深 30～90 米。ENONDAS（葡萄牙输电系统运营商）获得了政府授予的为期 45 年的运营特许权。2015 年，该试验场基础设施开发未取得明显进展。

（二）海洋能研发项目

1. WAVEC

WavEC 是私有非盈利性组织，有 13 个合作方，致力于发展和推动海洋能开发利用，WAVEC 团队由 20 名海洋能专家组成，涵盖数值模拟、波浪能资源、监控、技术研发、经济性评估、环境许可、公共政策、推广等多领域。

2015 年，WavEC 协调了两个欧盟资助的项目。

• WETFEET，2015 年 6 月启动，为期 3 年，由欧盟 H2020 计划资助。目标是突破波浪能技术，包括装置可靠性、耐用性、高成本、商业化进程过长、技术可扩展性等问题。

• OCEANET（2013—2016 年），支持青年研究人员开展浮式风电和波浪能技术研发，由欧盟 FP7 计划资助。

2. 里斯本大学优势技术研究所（IST）

IST 下设的机械工程研究所（IDMEC）具有 10 余年波浪能研发历史，海洋技术与工程中心（CENTEC）刚开始涉足海洋能研发及应用。

IDMEC 主要从事新型振荡水柱式（OWC）波浪能转换器和自整流空气涡轮机开发，IDMEC 的一个重要研究领域是利用装有快速阀的新型空气涡轮机实现对 OWC 波浪能转换器的闭锁控制，已在 Tecnalia 试验场进行过测试。与巴利亚多利德大学合作研发的高效双转子自整流空气涡轮机，模型试验显示转换效率最大 86%。

CENTEC 主要从事波浪能、潮流能和海上风能研发，以波浪能动力输出装置（双气室 OWC 和液压循环 PTO）研发为主。

2013 年起，IST 还开设了可再生能源研究生课程，每年提供 3 个月的海洋能专业课。

（三）海洋能示范项目

1. 已运行项目

• Pico 波浪能电站，建成于 1998 年，是位于亚速尔群岛 Pico 岛的 OWC 式波浪能电站，2004 年开始由 WAVEC 运营管理。电站最大装机 700 千瓦，具备并网能力，可对波浪能装备实海况下疲劳/腐蚀等问题开展分析研究，同时承担为年轻科研人员提供运行数据和培训等职能。

● WaveRoller，AW-Energy 公司在芬兰建造的全比例测试装置，由全比例液压电机"Sea side"和全比例的液压动力输出装置（PTO）组成。2016 年，AW-Energy 将在葡萄牙佩尼谢布放一个全比例并网 WaveRoller。2015 年进行了设备的建造，并获得了劳式船级社认证。

2. 计划布放的项目

澳大利亚 Bombora 波浪能公司，计划在佩尼谢进行首次全比例波浪能发电装置海试，已开始可行性研究。

（四）其他相关活动

第二届海洋可再生能源国际大会（CENTEC 主办）于 2016 年在 IST 召开。

2015 年 11 月，WAVEC "葡萄牙/法国海洋能研究与创新驱动"年度研讨会在里斯本举行。2016 年，WAVEC 年度研讨会将与加拿大驻法国大使馆合作举办。

八、韩国

为提高韩国的国际市场竞争力，促进海洋能开发利用，制定了清洁海洋能中长期规划。目标是加强支持政策，确保基础设施规划。特别是随着潮流能发电正式纳入可再生能源证（REC）制度支持，有望刺激潮流能发电。在海洋和渔业部以及贸易、工业和能源部的支持下，对可再生能源的资金支持力度越来越大。重点支持了示范项目，包括 300 千瓦 FPWEC、200 千瓦 ACHAT 和 200 千瓦 HOTEC 等项目。

（一）海洋能政策

1. 国家战略

最近发布了"中长期清洁海洋能发展规划（2015—2025）"，包括国家愿景、长期目标、发展战略以及新能源和可再生能源发展行动计划。2015 年，海洋和渔业部（MOF）与贸易、工业和能源部（MOTIE）联合制定了战略计划，得到国家科学技术委员会批准，该战略计划的主要目标是实施研发支持计划，促进海洋能分布式应用。与此同时，2015 年海洋和渔业部更新了海洋能研发路线图：

- 加强基础设施，加速商业化发展；
- 建设波浪能和潮流能海上试验场；
- 与南太平洋岛国开展温差能合作。

之前制定的 2025 年海洋能发电占比目标调低至 1.6%，同时提高了新能源和可再生能源发电占比目标。调低海洋能目标一定程度上是由于环保因素及当地居民反对。

2. 法律法规

发布了《低碳和绿色增长框架法》以及《促进新能源和可再生能源开发、利用和推广法》等关于可再生能源发展的管理文件。此外，还有《能源法》《海洋渔业发展框架法》《海洋环境管理法》等海洋能相关的管理文件。

《促进新能源和可再生能源开发、利用和推广法》规定，贸易、工业和能源部（MOTIE）对公共建筑执行可再生能源强制性应用。2015 年，批准海洋温差能空调制冷可作为可再生能源资源利用的形式之一，用于公共建筑可再生能源强制性应用。

3. 市场激励机制

可再生能源组合标准（RPS）始于 2012 年。根据规定，在 2015 年的总电力生产中，可再生能源发电要占到 3.5%。可交易的可再生能源证（REC）是对 RPS 政策的补充激励措施。可再生能源证的价值取决于资源类型等因素——与海岸线间的距离、装机容量或安装方法等。例如，拦坝式潮汐电站是 1.0，而开放式潮汐能和潮流能是 2.0，波浪能和温差能的 REC 还未确定。

对于国内市场，可再生能源价格是由可再生能源证价格和系统边际电价（SMP）综合确定。截至 2015 年 3 月，可再生能源证价格和系统边际电价分别为 11 美分/千瓦时和 8 美分/千瓦时。

4. 公共资金计划

海洋和渔业部（MOF）与贸易、工业和能源部（MOTIE）为可再生能源（包括海洋能）的研发及示范（RD&D）提供资金。MOF 主要通过"实用型海洋能技术开发计划"进行支持，MOTIE 通过"新能源和可再生能源技术开发计划"进行支持。

5. 海洋空间规划

韩国没有单独对海洋空间规划进行立法，主要由数个相关的国家和地方机构进行管理。海洋和渔业部（MOF）制定有《公共水域管理与开发利用法》（2013 年第 11690 号法案），当安装和使用海中结构物时，该法案提供了管理框架。

6. 海洋能项目许可过程

许可过程分为两种。一种是公共水域管理和开发利用，一般为 20~30 年；另一种是海上建筑物管理，一般为 2~3 年。以下是济州岛海上风力发电示范项目的许可过程。

- 公共水域许可过程（3 年期）。第一步是开发商根据《海洋环境管理法》准备海域使用咨询草案。根据项目位置，分别向地方政府和当地居民提交商业计划书、区域环境分析、影响预测分析、对利益相关者可能的影响和补偿、替代方案等，协商并获得批准。随后，开发商应开展"海洋环境影响评估"。然后，按照《总统令》（2013 年第 11690 号法案）规定，必须从公共水域管理机构获得公共水域占用和使用许可。

- 能源开发许可过程（1 年期）。施工前，应咨询韩国电力交易所（KPX）和韩国电力公司（KEPCO），并从贸易、工业和能源部（MOTIE）取得营业执照。如果开发商试图运行一家电力公司，则应按照电力公司类型获得贸易、工业和能源部部长签署的电力生产许可证（《电力企业法》）。电力开发商应当制定电力开发业务执行计划，如果装机容量超过 3 兆瓦，还须从贸易、工业和能源部获得授权。低于 3 兆瓦，由当地政府管理部门授权即可。然后，开发商应从贸易、工业和能源部以及当地政府获得海上建筑物实际施工许可。项目并网发电后，开发商必须从项目启动时就进行示范验证、测试和报告。

- 环境影响评估（EIA）。根据《环境影响评估法》《环境政策框架法》和《海洋环境管理法》，基于项目开发规模和地点，在项目施工前后需要开展环境影响评估。根据《环境影响评估法》，装机容量达 10 兆瓦的发电厂、100 兆瓦的太阳能/风力发电厂、面积达 30 万平方米的海底采矿场和面积超 30 万平方米的公共水域开发利用工程（或在保护区超过 3 万平方米）等都需要开展环境影响评估，而规模较小的项目只需经过环境自然预审查。施工后环境影响监测需持续至少 5 年时间。

- 公众咨询。提前征求一些利益相关者的意见，包括环境部和公共海域管理机构，如海洋和渔业部（MOF）部长、地区海事及港务局局长、地方市长、县长和城市下属区的区长等。开发商应该考虑的最关键的咨询意见应与当地居民签署。根据获得《总统令》规定，在获取《公共水域使用许可证》过程中，开发商应将信息向当地居民通报，时间在 20 天以上。如果超过 30 人提出要求，则应召开说明会或公开听证会。当地居民签署的协议必须纳入《公共水域使用许可证》文件中。因此，如果开发商未能达成协议，则这一阶段可能会阻碍整个过程。

7. 海洋能试验场

目前已开展了波浪能和潮流能测试场建设的可行性研究，打算利用建成的海洋能发电示范项目作为海上试验场，包括珍岛郡（Uldolmok）潮流能电站、济州岛（Jeju Island）勇洙（Yongsoo）振荡水柱式（OWC）波浪能电站和固城郡（Goseong）海洋温差能电站。2016 年将开始建造具有 5 个泊位装机容量达 5 兆瓦的波浪能试验场。

（二）海洋能研发项目

1. 潮流能研发和示范项目

近年来支持的潮流能项目统计见附表 1。

附表 1　韩国近年来潮流能项目统计

项目（机构，资助方）	装置类型	结　构	装机容量	项目期限	备　注
兆瓦级潮流能装置（HHI, MOTIE）	变桨距控制	基桩	2×500 千瓦	2010—2015 年	2014 年海试
主动型潮流能控制系统（KIOST, MOF）	具有变桨距控制 HAT	沉箱	200 千瓦	2011—2012 年	2016 年海试
半主动控制涡轮机（Inha 大学，MOTIE）	具有流量控制 HAT	锚泊潜式	10 千瓦	2012—2016 年	差价合约制 CFD)
主动叶轮潮流涡轮系统（Daum Eng., MOTIE）	具有流量控制的立式叶轮	预铸混凝土	50 千瓦	2013—2016 年	2016 年海试

　　注：HHI：现代重工业有限公司；

　　　　MOTIE：贸易、工业和能源部；

　　　　KIOST：韩国海洋科学与技术学院；

　　　　MOF：海洋和渔业部。

2. 波浪能研发和示范项目

　　近年来支持的波浪能项目统计见附表 2。

附表 2　韩国近年来波浪能项目统计

项目（机构，资助方）	装置类型	结　构	装机容量	项目期限	备　注
振荡水柱（OWC）系统（RISO, MOF）	振荡水柱式	重力式沉箱	2x250 千瓦	2003—2016 年	2015 开始试验
利用驻波摆式波能转换装置（KIOST, MOF）	振荡浪涌	浮动双体船	300 千瓦	2010—2018 年	2017 试点工厂进行海试
带枢杆的摆动半球（Hwa Jin Co., MOTIE）	点吸收式	自升式平台	可扩展 15 千瓦机组	2013—2016 年	2016 年海试
带 yoyo 振荡器的可控谐振波浪能转换装置（iKR, MOTIE）	点吸收式	系泊圆筒阵列（组）	10 千瓦	2013—2016 年	2016 年海试

项目（机构，资助方）	装置类型	结　构	装机容量	项目期限	备　注
导航灯浮标用波浪能装置（KPM，MOTIE）	点吸收式	单点系泊浮标	50 瓦	2013—2016 年	2016 年海试
带多自由度运动转换轮的INWave 波浪能转换装置（Ingine 公司，MOTIE）	点吸收式	系泊式装置	135 千瓦	2014—2017 年	2016 年海试

注：KMOU：韩国海洋大学；

　　KPM：韩国工厂管理公司；

　　KRISO：韩国船舶与海洋工程研究院；

　　MOF：海洋和渔业部。

3. OTEC、盐差能与其他海洋能研发和示范项目

近年来支持的其他海洋能项目统计见附表 3。

附表 3　韩国近年来其他海洋能项目统计

项目（机构，资助方）	项目期限	备　注
利用深层海水温差发电（KRISO，MOF）	2010—2015 年	2011 年 60 冷吨（RT）、2012 年 500 冷吨和 2013 年 1000 冷吨冷却和加热系统，2013 年 20 千瓦和 2014 年 200 千瓦海洋热能转换（OTEC）试验场
采用多个发电场的海洋温差发电（KEPRI，MOTIE）	2010—2015 年	2015 年，利用从 10 千瓦试点电厂排出的冷却水
海洋能源基础设施体系的建立（KAIST，MOTIE）	2011—2016 年	研究生院海洋能源专家教育计划
海洋温差发电低温流体和径向流涡轮机（KMOU，MOTIE）	2011—2015 年	采用低温工作流体为 200 千瓦海洋温差发电设计有机朗肯（Rankine）循环径向流涡轮机
10 兆瓦级浮式海上波浪和风力混合发电系统（KRISO，MOF）	2011—2016 年	为具有多个海上浮式风力涡轮机（FOWT）和波浪能转换装置（WEC）的混合海洋能系统进行试点发电厂优化设计和分析技术开发

项目（机构，资助方）	项目期限	备　注
反向电渗析（RED）盐差能关键技术（KERI，MO-TIE）	2014—2017 年	千瓦级盐差能优化离子交换膜的研制
海洋能专业发展计划（Inha Univ. MOF）	2014—2018 年	海洋和渔业部计划，促进大学海洋能教育、研究和开发

注：KAIST：韩国科学技术高级研究院；

　　KEPRI：韩国电力研究院；

　　KERI：韩国能源研究院；

　　KMOU：韩国海洋大学；

　　KRISO：韩国船舶与海洋工程研究院；

　　MOF：海洋和渔业部；

　　MOTIE：贸易、工业和能源部。

（三）海洋能示范项目

1. 已运行项目

- 2014 年 12 月，韩国船舶与海洋工程研究院（KRISO）在固城郡（Goseong）建成了 200 千瓦高温差海洋温差能发电装置（H-OTEC）（见附图 12）。并对其进行了性能评估，在 70℃温差下（利用地热能和热电厂余热）循环效率达到 7.7%。500 冷吨（RT）（1 750 千瓦）和 100 冷吨（350 千瓦）海水热泵系统可为鲍鱼和鱼类养殖提供冷源和热源供给。

附图 12　200 千瓦 H-OTEC 温差能发电装置

● 2015 年，INGINE 公司研制的点吸收式波浪能装置 INWave 安装到济州岛海域。目前，该装机容量 135 千瓦的示范电站正处于调试阶段（见附图 13），预计于 2016 年 3 月并网。INWave 系统通过圆盘状浮标可吸收水平方向和垂直方向的能量。

附图 13　135 千瓦 INWave 装置

2. 计划布放的项目

● KRISO 和 MOF 正在建造 300 千瓦摆式漂浮式波浪能装置，将于 2017 年进行海试，该装置配置了一个鲁棒性强的旋转叶片式液压泵，能经受住波浪的反复冲击。

● 韩国海洋科学与技术学院（KIOST）2011 年开始研发主动控制型潮流能转换装置，于 2015 年完成设计。预期 2016 年安装 200 千瓦试验装置进行海试，该系统适用于 20 米以上水深。

● KRISO 与 MOF 计划 2016 年中期在太平洋赤道海域开展 1 兆瓦海洋温差能示范电站制造和安装，项目预计 2020 年完工。

（四）其他相关活动

太阳能、风能和地球能源展览会（SWEET）是新能源和可再生能源专业展览会。该展览会于 2006 年首次举办，一年一次，规模持续扩大，2014 年来自 14 个国家的 194 家公司参加了该展览会。重点支持韩国新能源和可再生能源产业投资计划，并为世界各地专门从事新能源和可再生能源研发的企业和专家提供了交流思想和信息的机会。展会内容包括潮流能发电、波浪能发电和海洋温差能发电。

九、新加坡

新加坡致力于环境友好的可持续发展。过去几年，十分重视可再生能源的研究、开发和示范，包括海洋可再生能源。在海洋能开发利用方面，建立了各种海洋能试验平台，鼓励学术机构以及行业和政府开展项目合作，并为海洋能前沿创新技术提供资金。

新加坡可再生能源集成示范计划（REIDS）在实马高岛（Pulau Semakau Island）开展了陆基和海基可再生能源发电、存储、管理等技术集成。由南洋理工大学（NTU）牵头，新加坡经济发展局（EDB）和国家环境局（NEA）提供支持，于 2014 年 10 月启动，有 10 个行业合作伙伴，2015 年开始了关键的陆上和海上工程建设。在区域合作方面，"东南亚海洋能联盟"（SEAcORE）是南洋理工大学能源研究所（ERI@N）与东南亚国家合作发起的一个平台，旨在推动海洋能发展，为合作伙伴创造新的市场。2015 年，亚洲能源中心（ACE）正式确认 SEAcORE 为其海洋可再生能源技术工作组，牵头开展海洋资源评估和热带潮流能机组应用标准。

OceanPixel 是一家 ERI@N 创建的海洋能公司。目前新加坡与印度尼西亚和菲律宾开展的几个资源评估和技术经济可行性项目都是通过 OceanPixel 公司实施。

（一）海洋能政策

最近，新加坡宣布，"到 2030 年，在 2005 年基础上减少 36% 的碳排放，并在 2030 年左右达到稳定的峰值排放目标"。

新加坡政府已拨款 8 亿多新加坡元公共资金用于能源、水资源、绿色建筑和解决土地资源稀缺等方面的研究，其中 1.4 亿新加坡元用于能源创新计划办公室（EIPO）倡导下的清洁能源技术研究。南洋理工大学能源研究所（ERI@N）已确定海洋能作为其中一个研究领域。

（二）海洋能研发项目

南洋理工大学能源研究所及其研究中心在海洋能领域拥有很强的专业技术实力，包括风能、波浪能、潮流能以及综合利用和集成技术，并可提供从材料设计与合成、设备制造和建模以及系统集成和优化等一整套专业技术。南洋理工大学能源研究所的风能和海洋能研究计划（W&M），旨在提高海洋能装置性能，降低发电成本，加快热带区域海洋能技术应用。

1. 政府资助项目

• 潮流能边远海岛分布式供电（DG-TISE）。2014年启动，旨在研发一种新型传感和信号分析系统，提供潮流能资源测量方法，评估新加坡海底地形和潮流能资源。

• Sentosa-ERI@N 潮流能试验场。Sentosa 潮流能试验场是 SDC 公司和 ERI@N 合作项目，由贸易和工业部的核心创新基金提供资助。旨在充分利用 Sentosa 水道的可开发资源。2013年11月正式启动，目前开展了1/3比例潮流能样机水池试验和海试（见附图14）。

附图14　Sentosa 潮流能试验场1/3比例样机试验

• 新加坡可再生能源集成示范计划（REIDS）。通过可再生能源（包括海洋能）满足实马高岛的全部电力需求，混合微电网将促进能源技术开发和商业化，有助于解决亚洲可再生能源技术需求不断增长的问题。REIDS 将开展陆基和海基可再生能源发电、存储、管理等技术集成，为适于小岛屿、偏远乡村的应急电源解决提供示范。REIDS 将建立热带海洋能中心（TMEC），探索和开发热带低流速潮流能资源，2015年3月，试验场可行性研究正式启动，预计将于2016年中期完成。

• 海洋能标准制定。ERI@N 通过新加坡标新局（SPRING），参与国际电工委员会"海洋能——波浪能、潮流能和其他水流能转换器"标准技术委员会（IEC-TC114）相关工作，审查、改编和提出新加坡海洋能准则，作为热带地区（东南亚）国际标准。

2. 国际合作项目

• 日本船级社 - 新加坡全球研究与创新中心。日本船级社（ClassNK）与新加坡海事局（MPA）于 2015 年 2 月签署了"促进海洋产业研发和创新"谅解备忘录，标志着新加坡全球研究与创新中心（GRIC）的成立，研究领域包括海洋技术和海洋可再生能源。

• 联合博士 - 产业计划（JIP）。ERI@N 与产业部门保持密切合作，与多个跨国企业研究机构在海洋能技术研发和商业化领域联合培养博士，以解决现实技术挑战。目前，已有 20 多个博士计划正在进行。此外，南洋理工大学与慕尼黑工业大学（TUM）还共建了国际能源研究中心（ICER）。

• 东南亚海洋能联盟（SEAcORE）。2015 年，SEAcORE 正式成为亚洲能源中心（ACE）可再生能源行业网络（RE-SSN）的海洋能技术工作组，牵头开展海洋资源评估和热带潮流能机组应用标准。SEAcORE 成员国包括文莱、印度尼西亚、马来西亚、缅甸、菲律宾、泰国和越南等东南亚邻国，为海洋能研发人员、政策制定者和产业部门提供了有效的交流平台。

• 2015 年，ERI@N 参加了国际可再生能源署（IRENA）为小岛屿发展中国家（SIDS）举办的海洋能研讨会，促进海洋能海岛应用。ERI@N 参加了环印度洋联盟（IORA）蓝色经济研讨会，强调了如何开发海洋能才能保证能源安全，创造就业机会，并提供技术方案、经济增长与环境保护。

• 2015 年亚洲清洁能源峰会（ACES），于 2015 年 10 月新加坡国际能源周（SIEW）期间举办。ERI@N 风能及海洋能组参与了海洋能技术路线图制定。

• 第三届亚洲波浪能和潮流能大会（AWTEC），于 2016 年 10 月 24-28 日在新加坡举办，与 SIEW 2016 同期举行。会议将集中展示亚洲海洋能技术研发成果和创新解决方案，进一步提升区域影响力。

（三）海洋能示范项目

ERI@N 研制了一台波浪能转换装置（见附图 15），利用码头驳船随波运动进行发电，为驳船浮筒运动提供灯光指示。这一技术可扩展应用到海上油气平台、水产养殖平台等设施上。

附图 15　Tanah Merah 码头泊位

十、西班牙

西班牙海洋能取得较大进展，比斯开湾海洋能试验场（BIMEP）和 PLOCAN 试验场能力进一步提升，Mutriku 波浪能电站累计发电超过 1 吉瓦时。Wedge Global 公司和 OCEANTEC 公司开发的波浪能技术以及 TECNALIA 公司牵头的几个研究项目均取得明显进展。

（一）海洋能政策

1. 国家战略

《2011—2020 年西班牙可再生能源规划》提出 2020 年海洋能装机容量达 100 兆瓦，但是并未提出具体的配套政策，导致这一目标难以实现。巴斯克地区于 2011 年批准了《2020 年能源战略》，包括加快波浪能技术和商业化开发的具体举措，并设定了 2020 年 60 兆瓦的发展目标。

2. 法律法规

《皇家法令 1028/2007》针对在领海开发海上风电等海洋可再生能源的相关申请程序。

2013 年出台的《21/2013 法案》，简化了所有海洋能项目环境影响评估流程。

3. 市场激励机制

2014 年 11 月，巴斯克地区能源局（EVE）出台了浮式波浪能发电装置预商业化公开招标管理规定。2015 年 11 月，OCEANTEC 公司获得 EVE 提供的 250 万欧元资助，开发振荡水柱式波浪能技术，用一年的时间在 Bimep 开展小功率样机并网测试。

4. 公共资金计划

在西班牙，有几个公共资金计划适用于海洋能领域的研发计划。通过工业技术发展中心（CDTI）加入海洋能欧洲研究区网络（OCEANERA NET），支持海洋能领域研究和创新。2015 年有三个项目获得资助。EVE 于 2015 年启动海洋能试验场加速项目，支持新兴海洋能技术示范和验证。

5. 海洋能项目许可过程

在西班牙，海洋能项目获得用海许可一般需要两年，取决于是否需要环境影响评估，如果有充分的理由，环境影响评估时间可缩短至不超过 4 个月或 6 个月，从而大大缩短了许可过程所需时间。

6. 海洋能试验场

• BIMEP 海洋能试验场，由 EVE 和能源多样化与节能研究所（IDAE）管理，于 2015 年 7 月成立，首批用户即将开展测试。2015 年 11 月，Bimep 发布了创新公开招标，研发并安装水下电力连接中心。

• Mutriku 波浪能电站，2015 年被 EVE 确认为波浪能技术试验场。

• PLOCAN 海洋能试验场的水下电气基础设施仍处于设计阶段，预计 2017 年第一季度完成。初期装机容量为 15 兆瓦，到 2020 年提升到 50 兆瓦。2014 年 3 月，PLOCAN 试验场获得 23 平方千米海域使用面积，水深最深 600 米。

（二）海洋能研发项目

通过 OCEANERA-NET 的支持，TECNALIA 公司于 2015 年 10 月启动 RECODE 项目，与西班牙、葡萄牙、爱尔兰和英国等机构合作开展海洋能监测、控制等关键部件研发，项目将运行 3 年。

2015 年 11 月，TECNALIA 公司与英国爱丁堡大学、埃克塞特大学，爱尔兰科克大学，葡萄牙 IST 研究所，西班牙 OCEANTEC 公司、EVE、Bimep、Global Maritime 公司、Iberdrola 电气公司和挪威船级社（DNV）等共同开展了"共享开放海域运行经验以降低波浪能成本（OPERA）项目"。OPERA 项目将收集和分享为期两年的浮式 OWC 波浪能转换装置实海况运行数据。同时，通过"高效涡轮机，闭锁和保护控制，锚泊系统，弹性系留"四大创新，实现波浪能装置最多降低 50%成本的目标。

- Abengoa 海洋电力公司研发的 1/20 比例 OWC 波浪能装置样机"Undiplat"完成了水槽测试，预计于 2017 年底在西班牙北部海域测试 1/4 比例样机。

（三）海洋能示范项目

1. 已运行项目

- Mutriku 波浪能电站经过 4 年的连续运行，累计发电超过 1 吉瓦时，正准备开展新型 OWC 系统（空气涡轮机、电机和控制系统）测试。

- Wedge Global 公司研发的 W1 轴对称谐振点吸波式波浪能装置（见附图 16），采用直驱式动力输出，具有 10 年技术研发经验。2015 年，W1 装置在 PLOCAN 试验场进行了长期试验，取得了预期效果。2016 年继续开展海试，以验证装置长期工作稳定性。

附图 16　Wedge Global W1 样机海试

● 2015 年 9 月，芬兰 Wello 公司研发的"企鹅 2 号"（PENGUIN Ⅱ）波浪能样机在 PLOCAN 进行了测试，对长 6 米、宽 2.4 米装置的结构可靠性开展测试（见附图 17）。测试将持续到 2016 年年底。

附图 17 "企鹅 2 号"（PENGUIN Ⅱ）样机海试

2. 计划布放的项目

● OCEANTEC 公司计划于 2016 年中期在 Bimep 试验场开展小功率浮式 OWC 波浪能转换装置样机并网测试。

● Magallanes 漂浮式潮流能项目于 2007 年启动。目前建造的全比例样机重达 350 吨，将于 2016 年进行海试。2014 年，该项目建造的 1/10 比例样机在 EMEC 完成测试。

（四）其他相关活动

● 2015 年 4 月，由 EVE、TECNALIA 公司和毕尔巴鄂展览中心联合主办的毕尔巴鄂海洋能源周在毕尔巴鄂举行，有约 600 名专家参加。下一届毕尔巴鄂海洋能源周将于 2017 年举行。

● 2015 年 11 月，西班牙玛丽娜可再生能源协会（APPA-Marina）年会在马德里召开。

十一、瑞典

2015 年，Sotenäs 计划取得一定进展，将成为世界上最大的波浪能发电场之一。2015 年年底，第一阶段 36 台发电机安装到位，并网设施也已完备，待发电浮标连接到发电机，将正式发电并输送至国家电网。几家瑞典海洋能开发公司也取得了较好进展。波浪能测试场

LYSEKIL2015 年实现并网。

（一）海洋能政策

1. 国家战略

到 2050 年，瑞典具有可持续的和高效的能源供给，大气温室气体达到零排放目标。到 2020 年可再生能源至少达到能源总消费量的50%，在 1990 年基础上减少 40%的温室气体排放量，能源利用效率提高 20%。

2015 年，企业、能源和通信部（MEEC）完成了国家海洋战略制定，海洋能被列为其中，以促进瑞典海洋领域的可持续发展。

2. 市场激励机制

海洋能技术适用的政策主要是可再生电力证书制度（一种可交易绿色证书制度），电力证书制度并非针对某项特定的可再生电力转换技术，即保持技术中立性。虽然波浪能属于可再生能源之一，生产商有资格获得证书，但至今一张证书也没有颁发。2011 年，瑞典和挪威签订协议，形成一个共同电力证书市场，自 2012 年生效。

3. 公共资金计划

● 瑞典能源署可提供能源技术研发和示范基金。瑞典研究理事会可提供基础研究和大型设备基金。瑞典创新系统署也支持创新技术研发。此外，地方政府也能给予不同程度的支持。

● 2015 年初，瑞典能源署启动了国家海洋能源计划，提供为期 4年、总额 5 700 万欧元的资金，加强海洋能源领域技术研发，加强学术界和产业界的合作。

4. 海洋空间规划

瑞典海洋与水域管理局正在制定国家海洋空间计划。在许可过程中，海洋空间规划具有指导性，不具约束力。

5. 海洋能试验场

瑞典 LYSEKIL 波浪能测试场和 Söderfors 潮流能试验场，均由乌普萨拉大学管理和运行。

（二）海洋能研发项目

1. 乌普萨拉大学

乌普萨拉大学正在对波浪能技术以及潮流能和河流能转换进行研究。2015年，LYSEKIL 试验场实现并网，两台波浪能发电装置在此进行了测试。Söderfors 试验场开展了 7.5 千瓦垂直轴涡轮机测试（见附图18）。

附图18　潮流能装置在 Söderfors 布放

2. 查尔默斯理工大学

查尔默斯理工大学船舶与海洋技术系以及能源与环境系主要从事海洋能研发，包括流体力学、结构、能量转换等方向。主要与 Waves4Power 公司、Minesto 公司和 Wave Dragon 公司等开展了合作研究。

3. 瑞典 SP 技术研究所

海洋能研究是瑞典 SP 技术研究所六个业务领域之一，涉及风能、波浪能和潮流能发电研究。为促进海洋创新研究集聚发展，2013年起，西约特兰省成立了西部海洋事业集聚区，加强涉海业务部门和研究机构的合作。SP 技术研究所负责海洋能源和海产品方面协调工作。

4. 瑞典 SSPA

瑞典 SSPA 公司主要从事船舶设计和运营，近年来参与了几个海洋能研发项目。如水下潮流能风筝项目最近获得欧盟资助，致力于研发下一代全比例潮流能技术。

（三）海洋能示范项目

1. 已运行项目

瑞典目前运行的海洋能项目仅有 LYSEKIL 波浪能项目和 Söderfors 潮流能项目。2006 年，LYSEKIL 布放了第一台 200 千瓦波浪能转换装置，2016 年上半年，计划在 LYSEKIL 布放两台以上波浪能转换装置。Söderfors 于 2013 年 3 月在 Dalälven 进行了海试。

2. 计划布放的项目

● Sotenäs 波浪能项目于 2011 年 11 月启动，总装机容量将达到 10 兆瓦，采用的是与海底线性发电机相连的点吸波式波浪能发电装置（见附图 19）。

附图 19   Sotenäs 项目波浪能装置海试

项目分两个阶段进行，第一阶段安装 36 台装置，总装机容量 1 兆瓦，2015 年完成了水下部分布放工作，并通过 10 千米海底电缆接入瑞典国家电网。

第二阶段装机容量 9 兆瓦，同时对第一阶段 1 兆瓦装置阵列运行情况进行评估。Sotenäs 项目获得了瑞典能源署、Fortum 电力公司、

Seabased Industry 公司的资助。Seabased Industry 公司还在加纳签署了一份大型波浪能发电场合同，一期装机容量 14 兆瓦，远景规划 1 000 兆瓦，第一批波浪能转换装置已运至加纳安装。

- 瑞典 Minesto 公司研发的 Deep Green 潮流能发电技术，很像水下滑翔机，可在海流中以 8 字形轨迹快速运动（见附图 20）。2013 年在北爱尔兰斯特兰福德湾（Strangford Lough）布放了一台 1/4 比例样机，目前正在进行长期海试。计划于 2017 年在威尔士海域布放一台 500 千瓦装置，后续将扩展到 10 兆瓦（20 个电站）。

附图 20　Minesto 潮流能技术

- CorPower Ocean 公司根据心脏工作原理，与挪威科技大学合作，研发了一台波浪能转换装置，正在开展水槽测试，计划 2017 年在 EMEC 测试 1/2 比例样机。

- Waves4Power 公司研发的点吸收式波浪能转换装置，于 2016 年初在挪威 Runde 海开展全比例样机并网测试。项目合作方包括西门子，NKT 电缆，Seaflex 公司和 Runde 环境中心等。

十二、英国

海洋能有望在 2030 年以后为电力供应做出巨大贡献。2015 年，潮流能领域进展较快。全球首个涡轮机潮流能发电阵列项目"MeyGen"一期工程启动，Atlantis 公司并购了海流涡轮机（MCT）公司，潮流能公司（TEL）在威尔士成功布放了DeltaStream潮流能装置。

2015年，波浪能领域有进有退，英国领先的波浪能公司——海蓝宝石电力公司（Aquamarine Power）进入破产管理程序。可喜的是，苏格兰波浪能计划（WES）为波浪能技术研发机构提供了700万英镑资金，面向国际鼓励发展创新动力输出（PTO）系统。

英国拥有世界一流的海洋能基础设施，包括EMEC，国家可再生能源中心（Narec），WaveHub和FaBTest试验场以及爱丁堡大学和普利茅斯大学试验水槽。

随着研发机构对潮汐能，特别是潮汐潟湖发电的重视，DECC重启英国潮汐潟湖开发潜力评估。2015年3月，英国政府宣布启动斯旺西湾潮汐潟湖差额合约电价（CFD）谈判第一阶段，以确定消费者是否能承受该项目，以及是否会降低英国潮汐潟湖发电成本。2015年6月9日，斯旺西湾潮汐潟湖电站规划审批获得通过，这仅是项目实时之前所需的众多许可之一。

（一）海洋能政策

1. 国家战略

- 通过海洋能计划委员会（MEPB）持续推进首个潮流能发电阵列示范项目，MEPB由负责波浪能和潮流能政策的能源和气候变化首席部长担任主席。鉴于对波浪能和潮流能商业化之路存在诸多分歧，DECC能源创新政策小组正在制定"海洋能技术创新需求评估（TINA）"，预计于2016年发布，有助于DECC和其他政府创新基金对海洋能的投资决策。

- 苏格兰政府成立了总额1.03亿英镑的可再生能源投资基金（REIF），以促进海洋能技术商业化。到目前为止，REIF已投入3 710万英镑发展海洋能技术。苏格兰公共部门已为MeyGen项目一期投入2 300万英镑，其中REIF投入1 462万英镑，苏格兰企业局因此拥有MeyGen一期项目15%股权。全部机组（269台涡轮机）安装完成后，总装机容量将达到400兆瓦。2015年1月开始建设（6兆瓦），预计2016年中期完成涡轮机安装，2017年初开始发电。苏格兰波浪能计划

（WES）成立后，2015 年投入 1 000 多万英镑推动新技术发展。

- 北爱尔兰制订了 2020 年实现可再生电力供应占比 40%的目标。

2. 法律法规

2015 年 9 月，英国皇家资产局（TCE）启动了新一轮装机容量 3 兆瓦的波浪能和潮流能项目海底使用权租赁程序。

3. 市场激励机制

在英国政府电力市场改革（EMR）计划中，通过可再生能源义务（RO）和差价合约（CFD）支持，波浪能和潮流能技术获得了 100 兆瓦的预留分配，并给予所有可再生能源技术中最高的 305 英镑/兆瓦时收购价格，有效期至 2019 年。

4. 公共资金计划

- 英国研究理事会。该理事会下属的能源计划为包括海洋技术在内提供广泛的资金支持，包括项目研发和培训等。
- 创新英国（INNOVATE UK）。非政府组织，致力于发现和推动科技创新，促进英国经济增长。
- 能源技术研究所（ETI）。公私合作机构，促进开发经济适用的、安全的和可持续的技术，应对长期减排目标并实现近期效益。
- 碳信托（CARBON TRUST）。广泛支持进入市场化之前的低碳创新技术。

5. 海洋能试验场

- EMEC 是公认的一流海洋能试验场，拥有 14 个全比例装置并网测试泊位，EMEC 还建有两个缩尺比试验场。目前有多个国际波浪能和潮流能研发机构在场测试。2015 年 4 月，EMEC 宣布将其潮流能试验场的多余电力用于制氢。
- WAVE HUB 波浪能并网测试场，距离康沃尔北海岸大约 16 千米，主要用于测试大型海洋能装备。该试验场持有 25 年期 8 平方千米海底租赁权，建有 4 个泊位。WAVE HUB 由英国政府商业、创新和技能部（BIS）所有，WAVE HUB 公司代其管理。

● 法尔茅斯湾试验场（FABTEST），是海洋能装置非并网试验场，2011年11月开始运行，埃克塞特大学负责该试验场的运营，开展场区资源特性、环境监测等研究。这种近岸测试场有助于减少研发机构海试风险、成本和时间，易于实时监控，检查和维修。

（二）海洋能研发项目

1. 能源技术研究所（ETI）

ETI潮流能转换装置（TEC）项目第二阶段将设计、建造和测试多涡轮机式基础结构。两台1.5兆瓦潮流能机组将安装在彭特兰湾MeyGen潮流能发电场，使装机容量从6兆瓦增加到9兆瓦。

2. 海洋能孵化器（ORE CATAPULT）

2013年，由"创新英国"创立的ORE CATAPULT启动，旨在加快创新技术开发，降低海上风能、波浪能和潮流能发电成本。在英国有7个孵化器中心，以缩小研究和商业化间的差距，海洋能孵化器是其中之一。

随着与国家可再生能源中心（Narec）的合并，ORE CATAPULT可提供海洋能领域综合工程、研究和试验能力，建有齐全的基础设施，包括：动力系统测试、静水码头、海底模拟池、高压实验室和风机叶片测试等。

（三）海洋能示范项目

1. 潮流能发电预商业化示范项目

● MeyGen项目一期（9兆瓦）。

● DeltaStream装置即将开展一年的海试，TEL公司将在威尔士彭布罗克郡St Davids Head附近海域安装9台DeltaStream装置，建立10兆瓦发电机组阵列。

2. 预商用波浪能发电项目

● 澳大利亚卡耐基波浪能公司将采用CETO 6，建设10~15兆瓦波浪能发电项目。

● Fortum公司正在测试波浪能转换装置，将建设10兆瓦波浪能发电项目。

- Simply Blue Energy 公司，计划建设 10 兆瓦波浪能发电项目。

- Perpetuus 潮流能中心，位于怀特岛（Wight）的 30 兆瓦预商业化潮流能试验场预计于 2018 年左右运行。

3. 潮汐能项目

- TLP 公司投资建设 320 兆瓦斯旺西潮汐潟湖项目。

（四）其他相关活动

国际海洋能大会（ICOE），于 2016 年 2 月 23—25 日在爱丁堡举行。

十三、美国

美国 50% 以上的人口生活在距离海岸线约 80 千米（50 英里）以内区域，海洋和水动力（MHK）技术很有潜力为其提供可再生能源发电，特别是在电力成本高的地区。美国海洋和水动力资源评估认为，海洋能资源技术开发量可达 1 250~1 850 太瓦时/年。而 1 太瓦时电量就能满足大约 9 万户家庭的年用电需求。海洋能产业在提高成本效益比后可以为美国提供大量的电力。

（一）海洋能政策

1. 国家战略

美国能源部（DOE）水能计划（WPP）的主要任务是研究、测试、评估、开发和展示创新技术，以可再生、环境友好和具有成本效益的方式开发水能资源。WPP 重点支持以下四个领域。

- 技术进步和示范：对创新性概念设计提供支持和激励。

- 测试基础设施和仪器开发：加强 MHK 装置质量和可靠性，提供费用合理的试验设施。

- 资源评估：评估并共享资源数据，开发数值模拟工具，量化环境条件以减少选址风险。

- 加速市场：加大环境影响研究，减少监管阻力。

2. 法律法规

正在制定并审议几个有关海洋能产发展的联邦法律法规。

• 2013 年 8 月，《2013 年海洋和水动力可再生能源法案》（S. 1419），由参议院能源和自然资源委员会推荐，提交参议院全面审议。该法案将促进 MHK 技术研发及示范。

•《2013 年可再生能源标准法》（S. 1595）和《美国可再生能源效率法》（S. 1627）已提交参议院能源和自然资源委员会，将建立一套适用于所有可再生能源的标准。

•《2013 年气候保护法》（S. 332）通过贷款、信用工具和借贷担保减轻海洋、潮流或水电能源项目的成本。环境和公共工程委员会正在审议。

•《2013 年节能型可再生能源优先法》（H. R. 2539）提出永久性地扩大风电、地热、水电和海洋能等"可再生能源发电税收减免"。正在美国众议院筹款委员会审议当中。

•《促进海上风电生产法》（H. R. 1398）包括申请潮流能项目时间表等条款，已提交至众议院能源和矿产资源小组委员会。

3. 市场激励机制

包括"联邦生产税收减免"（PTC）和"企业能源投资税收减免"（ITC）。PTC 为 MHK 技术提供 1.1 美分/千瓦时税收减免，2016 年将适用装机 150 千瓦以上项目。ITC 允许潮流能项目选择 10% 的投资税收减免，以代替 PTC 政策。

4. 公共资金计划

由于 MHK 能源尚处于初期市场，当前激励措施有限，因此更加凸显了 WPP 在促进创新性 MHK 技术开发和布放方面的作用。WPP 计划主要投资对象是有潜力降低均化发电成本（LCOE）的技术，促使 MHK 可以与其他可发电资源展开竞争。通过提供资金和技术援助，WPP 计划能够降低风险、支持关键技术创新并协助私营部门打造强而有力的美国 MHK 产业。通过对美国波浪能、潮汐能、海流能、河流能、海洋热温差能等资源评估，目前美国重点发展波浪能技术以开发利用丰富的波浪能资源。2015年，WPP计划的预算保持在2014年的水平，为4 130万美元，重点开展技术进步及示范。2015年，WPP从4 130万美元中划拨1 730万美元支持海洋和水动力（MHK）的研发与示范，以解决关键性技术，并促进装置布放示范。其中，740万美元用于支持MHK系统性能提升，1 050万美元用于研究耐用性及生存性。

• MHK系统性能提升：2015年8月，支持4个机构开展先进控制、横切式PTO等关键技术研究。

• 耐用性及生存性：2015年12月，支持6个机构开展海洋能装置耐用性及生存性研究，减少在恶劣海况下安装、运维的不确定性，延长使用寿命，降低发电成本。

美国能源部（DOE）小企业创新研究与技术转让（SBIR/STTR）计划，于2015年资助了4个项目，帮助小企业开发MHK装置预测和健康监测系统，其中，每个项目15万美元。先进的预测和健康监测系统能帮助预测和确定设备健康的相关变化，最大程度地降低非计划维护和故障频率，通过降低维护成本以及增加设备使用率降低LCOE。

5. 海洋空间规划

国家海洋委员会，与区域规划机构合作，继续推动美国的区域海洋规划工作。美国内政部海洋能源管理局（BOEM）成立了多个工作小组，牵头开展俄勒冈州和夏威夷等州的海洋能规划。

6. 海洋能试验场

在标准化试验场开展样机测试对于技术改进，验证模型性能，示范设计标准等至关重要，可有效降低技术开发、装置布放及批量生成的技术和财务风险。

• 海军波浪能试验场（WETS）。美国海军设施工程司令部在夏威夷海军陆战队基地建有一个波浪能试验场，可支持单点、双点及三点锚系式OWC波浪能装置的海上测试。在30米、60米和80米深海域各建有并网试验泊位，于2015年建成，可为100千瓦至1兆瓦波浪能装置提供测试服务。

• 国家海洋可再生能源中心（NMREC）。2015年，WPP计划继续支持 NMREC 能力建设。包括西北国家海洋可再生能源中心（NNMREC），东南国家海洋可再生能源中心（SNMREC），夏威夷国家海洋可再生能源中心（HINMREC）。

太平洋海洋能中心（PMEC）——波浪能与河流能试验场。PMEC隶属于 NNMREC，建有北部能源试验场（NETS）和南部能源试验场（SETS）两个波浪能试验场。NETS 在俄勒冈州海域建有移动式海洋监测试验浮标，可进行 100 千瓦波浪能装置的单机测试，在华盛顿州的试验场于 2013 年进行了 Oscilla 公司的波浪能技术试验。2014 年，阿拉斯加 Fairbanks 大学加入 NNMREC，其塔纳诺河河流能试验场成为 NETS 成员，OE 公司于 2014 年在该试验场完成了涡轮机技术试验。PMEC 南部能源试验场（SETS）与加利福尼亚波浪能试验中心（CalWave）——波浪能与潮流能设施仍在建设中。2015 年，WPP 计划提供了 150 万美元，支持 NNMREC 和加州理工大学继续建设全比例并网波浪能试验场（SETS 和 CalWave）。

东南国家海洋可再生能源中心（SNMREC）——潮流能试验场。2014 年，SNMREC 与美国内政部 BOEM 签署了为期 5 年的用海租赁协议，预计 2016 年可进行小型商业化涡轮机试验。2015 年，完成了海底调查，安装了岸基雷达以更好地观测墨西哥湾流

夏威夷国家海洋可在生能源中心（HINMREC）——波浪能与海洋温差能试验场。HINMREC 的任务是促进波浪能装置商业化，推动海洋温差能从概念设计走向预商业化。HINMREC 将支持海军 WETS 两处新建泊位的波浪能测试，评估波浪能装置性能。HINMREC 还将监测WETS 声场和电磁场变化，研究波浪能装置和其他 MHK 技术的环境影响。

除 NMREC 外，能源部还建有几个国家实验室，促进基础科学向创新技术的转换。

• 桑迪亚国家实验室（SNL）。主要从事非线性控制、、机组阵列优化和极端事件模拟、涡轮机设计及测试、波浪能资源评估、海流测量与模拟、水动力环境影响建模等研究。

• 国家可再生能源实验室（NREL）。主要从事创新性水力发电技

术研究、试验、评估、开发及示范。

- 太平洋西北国家实验室（PNNL）。主要从事海洋能先进材料、工程、资源评估、市场分析、规划等研究。建有国家实验室体系中唯一的海岸科学研究设施。

- 橡树岭国家实验室（ORNL）。主要从事海洋能装置海洋环境影响评估研究。

（二）海洋能研发项目

- 波浪能奖。Ricardo 公司负责美国能源部拨付的总额 650 万美元资金的管理。2015 年 8 月，筛选出 20 个机构争夺 200 万美元的波浪能奖。目前，剩下 17 个机构正在 2015/2016 年跨冬季测试 1/50 比例波浪能装置样机，实现单位结构成本条件下波浪能俘获效率提高一倍的目标。试验在全美 5 所大学进行：密歇根大学、缅因大学、俄勒冈州立大学、爱荷华大学和史蒂文斯理工学院。NREL 和 SNL 制定测试标准。2016 年 3 月，10 个入围团队将在国家最先进的波浪水槽——海军水面作战中心实验水池测试 1/20 比例样机。

- 先进设计工具。2015 年，WPP 和国家实验室开展了波浪能和潮流能研究，旨在提高性能、可靠性和生存性的同时降低成本。NREL 和 SNL 开展了开源仿真工具研究，建立极限状态设计方法和先进控制策略。

- 资源特性评估大会。2015 年 11 月，WPP 牵头在华盛顿举行了会议，综合各方的海洋和水动力资源特性评估活动，共享美国能源部 MHK 资源特性评估信息，指导未来 MHK 资源特性评估工作。海洋能源委员会（MEC）下属的资源特效评估和表征分委会将与美国能源部定期召开协调会议。

- 均化发电成本（LCOE）建模。WPP 和国家实验室联合制定了标准化成本和性能数据报告程序，以促进统一计算 MHK 设备的均化发电成本。该报告程序参考了 NREL 和 WPP 正在制定的 MHK 项目成本分析结构（CBS）。

- 可靠性框架。为了降低行业风险，促进现有技术和新技术以更低成本更快速的发展，WPP 和 NREL 联合制定了 MHK 技术可靠性和生存性风险评估框架。该框架于 2015 年 9 月发布。

· 海洋和水动力数据库（MHKDR）。WPP 与 NREL 合作，于 2015 年 3 月推出 MHKDR，收录了大量数据，作为共享平台，可存储和传播与海洋能技术开发与设计相关的开源数据。获得公共资金资助的从业机构在 5 年内拥有数据所有权，之后这些数据将向公众开放。

· NNMREC 先进实验室和现场阵列计划（ALFA）。致力于降低 MHK 技术的均化发电成本。通过为期 3 年的现场示范，加速下一代波浪能和潮流能装置阵列应用。

· 环境影响研究。2015 年，启动了 5 个相关项目，以提高现有的或开发新的环境监测技术，解决与海洋水动力设备环境监测相关的技术局限性。在海洋和水动力设备附近监测海洋动物、测量装置产生的噪声。

（三）海洋能示范项目

1. 已运行项目

· 西北能源创新公司（NWEI）。2015 年 6 月，Azura 波浪能装置开展了并网测试，安装在海军波浪能试验场的 30 米测试泊位处（见附图 21）。NWEI 公司与新西兰 CI 公司合作后，优化设计了 Azura 装置。该装置将在 WETS 开展一年的第三方检测和评估。

附图 21 Azura 装置海试

· 海洋可再生电力公司（ORPC）。2015 年 7 月，ORPC 公司在阿拉斯加布放了 RivGen ©涡轮机（见附图 22），运行两个月后拆除。该装置的控制系统由 ORPC 公司与华盛顿大学、缅因州技术研究院和 NREL 合作开发。

附图 22 RivGen©涡轮机试验

2. 计划布放的项目

● 海洋能源（OE）美国分公司。OWC 式波浪能发电浮标经过在爱尔兰戈尔韦湾为期 3 年的多次缩尺比样机试验，将在 WETS 开展全比例样机测试，收集基线性能数据，获得运行经验，从而进一步降低 OWC 式波浪能装置发电成本（见附图 23）。预计 2017 年布放。

附图 23 OE 发电浮标海试

● Resolute 海洋能公司。在 WPP 计划支持下，该公司正在研发新一代 SurgeWEC 智能反馈控制算法，并在全比例样机上进行验证。之后将布放到俄勒冈州附近海域。

● Fred Olsen 公司。BOLT Lifesaver 波浪能装置将于 2016 年在

WETS 开展测试。BOLT Lifesaver 具有 3 个独立运行的 PTO 单元，共用一个全电力转换系统和一个传动系统。其壳体设计可显著减小恶劣海况影响，具有内置储能功能，在不同海况下可自主连续运行（见附图24）。

附图 24　BOLT Lifesaver 装置

● 哥伦比亚电力技术公司（CPT）。将于 2016 年或 2017 年在WETS 测试其实用型装置 StingRAY 性能和效率。StingRAY 装置配置了创新型的直驱永磁电机，与变速箱相比，减少了运动部件数量，对"机舱"进行复合结构集成，提高了设备的强度和使用寿命（见附图25）。

附图 25　StingRAY 装置海试

（四）其他相关活动

2016 年，海洋能源理事会和美国能源部将再次举办国际海洋能源会议和海洋能源技术研讨会，将与全国水电协会（NHA）年度会议一同于 2016 年 4 月 25—27 日在华盛顿举行。

来自美国国家实验室、产业部门和学术界的许多专家参加了 IEC TC 114，参与制定海洋和水动力（MHK）行业国际标准。2015 年，美国技术咨询小组在组织召开了 20 次 IEC 相关会议，促成发布了 3 个技术规范，包括锚泊系统、波浪能资源评估以及潮流能资源评估。

第二节　国际海洋能评述

OES 就稳定行业预期、实施分类资金支持、强化经验及教训共享、加强公共测试平台、探索分阶段支持等话题，对 ALISON LA BONTE（美国能源部海洋和水动力技术主管）、TIM HURST（苏格兰波浪能计划常务董事）、MATTHIJS SOEDE（欧盟委员会研究与创新项目主管）、CHRISTOPH TAGWERKER（泛美开发银行气候变化处主管）、TAKAAKI MORITA（日本长崎县海洋产业发展处处长）、SIMON ROBERTSON（日本长崎海洋产业区促进联盟项目协调员）等进行了专题访问。

注：2014 年 7 月，长崎县被日本政府指定为"海洋能示范场"，该示范场适用于海上漂浮式风力发电和潮流能发电项目。长崎县决定通过吸引国内外海洋能示范项目落户，促进长崎海洋能示范场的发展。

一、稳定行业预期

"海洋能技术通常是由小公司开发的，当其研发全尺寸样机或首个示范项目时，往往存在一定风险，需要获得外部资本（包括部分风险投资）资助。针对技术研发和商业化之间的这种长时间跨度，不仅是单一技术，而且是整个海洋能行业都需要（电力部门、工业制造部门……）中长期承诺，以稳定行业发展预期。你认为当前是否存在这种承诺？如果不是，你认为需要如何去做？"

ALISON LA BONTE：

在当前海洋能技术成熟度总体水平不高的阶段，尽管对于可行技术的实现和更大规模布放非常重要，电力部门、原始设备制造商和其他供应链企业也还不能做出严肃承诺，例如：港口基础设施、专业供应链、布放及运维船等。为吸引其做出这种承诺，海洋能行业必须证明这些商业机会是真实并可以实现的。为此，美国能源部将支持重点放在了以下几个方面。

● 集中在最有前景的技术路径上加快技术收敛。目前，美国海洋和水动力（MHK）领域也存在很多不同的设计技术，要判断哪些技术最有潜力实现高可靠、低成本、高性能仍然需要更多的数据支持。

● 对现有装置进行全比例样机示范测试，以验证其在实海况下的运行性能，同时监测其环境影响，并尽可能多地积累关于安装流程、运维、装置可靠性等方面的数据。

● 开展潜在环境影响评估，开发及应用新的、更具成本效益的环境监测技术和设备，并在海洋能装置示范测试中对其进行验证，获取更多的环境基线数据，这样会减少大多数海洋能示范项目前期调查费用（最高可节省 30%～50% 的成本）。

TIM HURST：

这个时候不存在承诺。英国"海蛇"和"海蓝宝石"经验教训以及英国政府对海洋能重视有转弱的倾向已经造成了潜在投资者观望甚至退出该行业。只有这些技术示范成功了，这些投资者和原始设备制造商才会重回到该领域，并投入大量资金。苏格兰波浪能计划（WES）的目标一方面是支持波浪能核心技术理论研究，并为其提供资金实现概念验证，另一方面是支持波浪能技术示范，以验证其可行性。

MATTHIJS SOEDE：

对技术研发而言，中长期承诺是必要的。但是不要忘记，研究人员和技术开发商已经在这一领域活跃很多年了，已经进行了大量投资，每个人都在期待尽快出成果。承诺肯定是有的。在政策上，从国家层面和国际层面都有众多的海洋能财政支持方式；从产业角度也有相关承诺。例如，如果你分析一下欧洲海洋能联盟（OEEA）的成员国，你可以清楚地看到，制造商和电力部门都对海洋能技术十分感兴趣。另外，"Horizon 2020"项目中也有很多这样的机构积极参与海洋能示范。欧盟从未像现在这样大力度资助如此多的海洋能项目。希望在未来的一年里取得巨大成果，推动整个行业向前发展。

TAKAAKI MORITA 和 SIMON ROBERTSON：

在当前阶段，日本产业界的积极承诺还不够。但是，在日本长崎，各方利益相关部门一直对发展海洋能做出承诺，例如2013年日本安装了第一台两兆瓦并网海上漂浮式风机。目前，由长崎本地产业部门、政府部门和其他利益相关者组成的财团正在该地区建立一个潮流能和海上风力发电示范中心。长崎、日本乃至亚洲的机构都可借助该示范中心的投资平台，促进海洋能商业化。通过示范中心的装置示范运行可使这些新技术具备能源成本竞争力，并促使行业参与者和其他投资者做出长期而严肃的承诺。

除了技术验证外，对该领域的财政支持也必不可少。当然，解决更多的问题，需要政府、行业、投资者和设备开发商之间的密切合作。

CHRISTOPH TAGWERKER：

在拉美地区不存在这种承诺。拉美国家仍然是技术进口国，因此更专注于实施已经成熟的技术，而不是支持技术研发。来自公共部门更强劲的财政支持以及制定相关政策十分必要。

二、实施分类资金支持

"随着几个示范项目中技术问题的解决，潮流能技术已经进入预商业化开发阶段。在当前阶段，除了盐差能、温差能外，你见到过对潮流能和波浪能项目给予同样的支持吗？或者说你是否同意波浪能（以及其他海洋能）可能需要一种不同的资助方式？"

ALISON LA BONTE：

在美国，对每种海洋能技术的资金支持主要看全国资源量的大小。而每种海洋能技术的成熟程度确实不同，也影响了对其资助力度。美国能源部认为，在商业化应用之前，波浪能和潮流能技术仍然需要从基础性研究、关键技术研发等方面提供资金。

美国能源部能源效率和可再生能源的五大核心原则引导和激发了项目研究、开发和示范（RD&D）的资金渠道，这五大原则是：潜在影响力；额外性（即，美国能源部的投资与通过私营部门资助有所不同）；对新观念和新方法的开放性；产生持久经济效益；与政府的相关性。下面两个资助的案例可以说明如何发挥联邦政府的作用："系统性能提升"和"波浪能奖"，强调了政府在推动技术进步和创造技术经济竞争力方面发挥的独特作用。

- 系统性能提升。用于支持下一代关键部件技术创新，吸引其他相关领域技术研发商进入以借鉴其专业知识和经验，提高技术性能并降低成本。重点解决三方面技术挑战：先进控制技术、PTO、新型结构。

- 波浪能奖。在水能计划中设置了一项波浪能技术示范奖，用于鼓励创新以及建立低成本和技术商业化发展途径。之所以设立该奖项，是因为波浪能相对不很成熟，而且具有广阔的创新潜力。该奖项将对在美国海军操纵性与耐波性水槽（MASK）进行测试的1/20比例波浪能装置进行评估，总奖金为225万美元。

TIM HURST：

确实，对于波浪能技术的资金支持仍然应该集中在创新支持方面。波浪能和潮流能的一个显著区别是，有更多的制造商进入了潮流能领域。

CHRISTOPH TAGWERKER：

应该对波浪能技术给予不同的资助方式。或许激励措施应设计为推动技术的收敛，鼓励相似技术研发商之间共享经验和教训。此外，行业中信息不公开对波浪能技术发展是重要障碍。

TAKAAKI MORITA 和 SIMON ROBERTSON：

日本目前仍处于向投资者、产业部门和其他利益相关者证明潮流能技术可以成功的阶段，长崎潮流能和海上风电示范中心可有效促进这项工作的开展。此外，长崎也希望其他海洋能（如海洋温差能和盐差能）技术的发展，会对潮流能和海上风电技术的发展产生积极影响。

为满足开发商和市场形势的需求，资金支持方式必须是具体问题具体分析。潮流能、波浪能、海洋温差能和盐差能技术及市场都面临着不同的挑战。针对不同开发商和市场环境的需求，提供资金支持的确应考虑不同的情况。

三、强化经验及教训共享

"在过去 10 年中，一些雄心勃勃的波浪能项目未取得成功，未能满足投资者的短期预期。随着国际上对可再生能源技术支持的加大，你认为有必要对这些失败案例进行公开和分享/讨论吗？或者在资助时就要求其公开相关数据和成果？"

ALISON LA BONTE：

透明和开放的数据对于加快技术发展而言非常重要，这样可以避免对不同机构资助相同的技术，同时还能从海洋和工程相关领域吸引新的参与者。获得美国公共资金资助的获奖者可以在 5 年期内维持数据的专有权，之后将向公众开放。为此，美国能源部建立了海洋和水动力（MHK）数据库共享平台。此外，申请人愿意公开分享其数据的程度将在相关评审和奖项评选过程作为重要参考准则。

美国能源部水能计划致力于帮助开发最佳的波浪能转换技术，目前已在国家可再生能源实验室和桑迪亚国家实验室实施。该项目不是专门针对一项技术，因为在这次联合开发协作中，国家实验室和其他合作伙伴将不会青睐单一"想法"或"创新"。通过参与该行业，团队将基于基本设计原则，解决界定最佳波浪能转换技术所面临的工程问题。首先明确系统的基本功能要求，然后设置最低指标，将其作为这些功能中每项功能所需的性能标准，然后利用技术解决创新问题。

TIM HURST：

对于海洋能研发小企业来说，出于其公司发展前景和价值考虑，要其共享经验，尤其是失败经验，是非常困难的事情。在苏格兰波浪能计划支持框架下，为技术研发商提供充足的资金，同时也与其签署协议共享相关技术成果。这种做法值得欧盟其他国家参考。

TAKAAKI MORITA 和 SIMON ROBERTSON：

对于所有海洋能技术（不仅是波浪能），在全球范围内已经取得了许多成功，但也有不少失败。尽可能广泛地共享关键经验和知识，将会促进全球研发商和投资人加快技术进步，并找到降低能源成本的最佳方案。当然这种共享需要与设备开发商的商业利益保持平衡，尤其是在知识产权方面。

在日本，资助方和产业部门都非常重视知识共享和优势合作。作为主要资助方，日本环境部一直在推动 2 兆瓦浮式海上风电示范项目，这是一个产学研联合项目。在执行过程中，该项目始终重视经验和数据的共享。

MATTHIJS SOEDE：

对海洋能领域来说信息共享是非常重要的，这并不意味着要完全分享技术的所有细节。每个犯过的错误或不成功的经历，都为新的创新提供了重要信息。因此，2016 年，欧盟资助 Ecorys（英国埃科瑞斯研究咨询机构）与 Fraunhofer（德国夫琅和费研究所）联合开展了一项研究，对海洋能整个行业之前的经验教训进行总结。海洋能技术研发公司应该逐渐学会分享关于经验和教训。

CHRISTOPH TAGWERKER：

在技术早期发展阶段，对设计和衡量资金支持体系而言，透明度至关重要。

四、加强公共测试平台

"为了切实推进海洋能技术发展，只有经过大量的现场测试和逐步改进后，才能克服目前面临的技术挑战。要确保对于海洋能装置海试的严密监视，一旦出现意外，必须确保能够快速反应。这对于单一研发团队而言明显不现实，这时就需要 EMEC 这样的测试场。那么，利用公共资金，在全球建设 3~5 个不同海况条件的测试场，并结成国际共用网是否可行？是否能够向装置研发商提供资助，使其进入这些测试场，并共享相关测试结果？"

ALISON LA BONTE：

美国能源部水能计划认为，各个研发商需要根据其装置成熟度的不同而选择不同的海上试验场，测试场的选址非常重要，试验场的位置与当地供应链和劳动力等关联很大，有助于试验场未来发展成为长期的商业化海洋能发电场，同时又会减轻未来项目开发的环境和社会影响。

因此，美国正投资建设一个波浪能测试场，助推波浪能技术从样机到商业化产品的发展，同时，测试场还将为波浪能研究人员提供训练和培训。

TIM HURST：

对波浪能发电装置而言，不存在试验场短缺问题——EMEC 波浪能试验场一直就没有全用满！采用标准化测试方法是个不错的提议，有助于提高可靠性以及不同技术之间的可比性。

CHRISTOPH TAGWERKER：

是的，建立地方试验场很重要，但是地方也应支持更多的项目去测试，换句话说，就是要确保不同的试验场有足够的需求。

MATTHIJS SOEDE：

目前在欧洲已建有几个试验场，在世界其他地区还有更多。考虑到 PLOCAN、BIMEP、Wavehub、AMETS、Galway、FORCE、美国夏威夷等试验场，各有各自的特点。无法了解这些试验场以何种方式真正分享各自的知识，或者说能否"分享"相关知识。这些试验场大多数是由公共财政资助建立的，目前仍享受公共资金扶持。欧盟目前所支持的示范项目基本都在这些试验场进行，一方面是因为其相对完备的基础设施，使得整体成本较低；另一方面是这些试验场拥有相关的测试资格。至于多个试验场合作，IEA OES 可以更好地发挥作用。

TAKAAKI MORITA 和 SIMON ROBERTSON：

是的，参与长崎海洋能计划的各方非常支持全球试验设施网的发展。长崎示范中心是加入全球试验实施网的理想枢纽，可满足日本、韩国、印度尼西亚以及其他亚洲国家的需求，可作为亚洲可再生能源发展中枢，正如 EMEC 在欧洲的作用一样。目前，长崎示范中心正在积极与 EMEC 开展合作，在测试中心发展、装置研发等方面开展合作。欢迎各方资金投入长崎示范中心，这也将带来更多的知识分享和合作机会。

五、探索分阶段支持方式

"希望所有的海洋能技术都顺利完成其研发阶段。对于采用分段支持方式的可能性和实施办法，换句话说，只有实现了前一阶段的性能指标，才对下一阶段给予资金支持，你对此有何观点？"

ALISON LA BONTE：

美国能源部水能计划赞同采用分段支持的方式。目前，水能计划要求获得资助者有明确的各个研发阶段指标和措施，只有对每个阶段都做出改进并满足量化指标，才会获得下一阶段资助。

在波浪能奖中，参与竞争的技术不但要符合奖励条件规定的原则，而且必须要分段评审各项指标。该奖项采用新设立的 ACE 标准——单位成本下平均波候俘获宽度（Average Climate Capture Width per Characteristic Capital Expenditure），ACE 是指波浪能发电装置每个单位结构成本所能俘获的波能，是常说的均化发电成本（LCOE）的替代指标。目前最好的 ACE 值是每百万美元 1.5 米。最终如果能将该值提高到每百万美元 3 米，就有资格赢取 150 万美元大奖。

为了实现上述目标，要求参与者在该奖项的每个阶段承担越来越具挑战性的波浪能发电装置设计和建造任务，评审委员会负责对结果进行评估。首先，要求团队提交一份详细的技术报告，阐述所提出的创新性波浪能转换技术。评审委员会对报告进行严格评价，挑选出合格团队。然后，要求团队建立数值模型，并建造一个小比例尺（1/50）模型，随后对其进行评估，不但与其他设计进行比较，而且与奖项规定的性能指标进行比较。成功的合格队伍可进入第二轮评审。顺利通过这一阶段的团队将获得种子资金资助，然后建造稍大比例尺（1/20）模型，在海军水面作战中心的操纵性和耐波性水池（MASK）中接受测试，在最后一轮测试中评审委员会将评估团队是否将 ACE 提升到两倍，从而确定哪些团队有资格赢得该奖项，排名最高的最终将获得 150 万美元。

这种定量和透明的方式好处是，不但可实现快速创新，同时还会提高投资者信心，因为这些技术已经成功通过分段评审。

TIM HURST：

分段支持的方法正是苏格兰波浪能计划目前采用的方式。如果研发商完成分段评审指标，就可获得资金资助进入下一阶段。

TAKAAKI MORITA 和 SIMON ROBERTSON：

从长远来看，分段支持的方法有助于降低成本和风险。作为分段评审方法的一部分，资助机构有责任为项目研发商制定一个适当的技术目标。

目前，该方式已被长崎采用，先是在较小的 100 千瓦样机验证上，然后在 2 兆瓦浮式海上风机上应用。已经得到了成功证明，并取得了许多成果。在成功验证 2 兆瓦风机的基础上，接下来将支持多机组风电场。

MATTHIJS SOEDE：

事实上，对于不同阶段的海洋能技术，欧盟有不同的方案。对于较低技术成熟度水平的技术，亟需新兴技术的出现，对于成熟度水平较高的技术，亟需开展大型示范，以证明技术已经达到较高水平。遗憾的是，有些海洋能项目开发商在申请不同的资助体系时，都采用自己的技术，这样做对任何一方都不公平，也加大了申请方失败的风险，同时给整个行业造成了压力，因为"重复"的海洋能项目投入就是失败的。

CHRISTOPH TAGWERKER：

这一方式在海洋能技术开发过程中很难采用。如果在一个阶段，工作没有像预期那样取得进展，这并不意味着在下一个阶段工作也不会取得进展，因为有可能有改进的经验，从而使下一阶段的工作取得进展。换句话说，大多数的经验教训来自于失败而非成功。

第三节　OES 2015 年主要成就

自成立以来，OES 共支持开展了两类合作项目——研究计划和短期计划。其中，研究计划一般以3年为一个周期，也就是常说的OES工作组（目前第二工作组——海洋能系统测试与评估经验和第三工作组——海洋能电站并网已经结束），由对某一海洋能领域感兴趣的代表国参与共同管理，实行经费均摊和任务共享的方式，只要有3个以上代表国同意某一提议并提供经费，就可以设立一个新的研究计划；短期计划一般由OES共同基金给予支持，由某一志愿代表国准备相关提议草案，经过3~4个志愿代表国评估和投票后就可以设立一个新的短期计划，可以有外部专家参与短期计划的研究。

目前，OES支持的合作项目包括以下几个。

• 合作项目1：（第一工作组）海洋能系统信息回顾、交流与宣传

实施时间：2001年至今（持续）

负责机构：葡萄牙WavEC

参与国：所有成员国（强制性）

• 合作项目4：（第四工作组）波浪能、潮流能系统环境影响评价与监测

实施时间：第一期（2010—2013年）；第二期（2013—2016年）；第三期（2016—2019年）

负责机构：美国能源部

合作机构：美国海洋能管理局，美国国家海洋与大气管理局

顾问机构：美国西北太平洋国家实验室

参与国：加拿大、中国、爱尔兰、日本、新西兰、挪威、葡萄牙、南非、西班牙、瑞典、英国、美国

• 合作项目5：（第五工作组）海洋能装置信息与经验交流

实施时间：2012—2016年

负责机构：美国国家可再生能源实验室

参与国：所有成员国

• 合作项目6：全球海洋能Web GIS数据库

实施时间：2013年至今（持续）

负责机构：德国夫琅和费研究所

参与国：所有成员国

● 合作项目 7：海洋能成本评估

实施时间：2014—2015 年

负责机构：英国爱丁堡大学

合作机构：葡萄牙 WavEC、丹麦 Julia F. Chozas、美国 Re Vision Consulting

顾问机构：丹麦 RAMBOLL Group A/S、尼日利亚 FOT-K Consortium

参与国：所有成员国

● 合作项目 8：海洋能审批过程

实施时间：2014—2017 年

负责机构：葡萄牙 WavEC

顾问机构：爱尔兰海洋可再生能源中心

参与国：所有成员国

● 合作项目 9：国际海洋能技术路线图

实施时间：2015—2016 年

负责机构：英国爱丁堡大学

合作机构：新加坡南洋理工大学、美国 Cardinal Engineering、新西兰 Power Projects Limited

参与国：所有成员国（强制性）

一、"波浪能、潮流能系统环境影响评价与监测"进展

详见：http：//tethys. pnnl. gov

目标

第四工作组致力于打造一个海洋能环境影响领域最具国际影响力的组织，吸引更多的从业专家，汇集更多的研究信息。

在第一阶段已经完成的工作基础上，继续搜集、分析和传播相关信息，通过获得与研究、监测和评价海洋可再生能源对环境影响有关的知识和信息以促进海洋可再生能源产业的发展。基于美国西北太平洋国家实验室研发的 Tethys 在线管理系统，对围绕海洋能装置选址和准许等相关科学问题的各种网络讨论会、专家论坛、研讨会等进行汇

集和发布。通过各种国际会议和活动，第四工作组广泛交流海洋动物、栖息地、海洋能装置间相互作用的环境研究和相关信息。2016 年 4 月，第四工作组将正式发布《科学报告——全球海洋能开发的环境影响进展》，全面总结国际海洋能开发环境影响的研究现状。

成果

● 各成员国专家广泛参与。每个参与国制定一名专家参与，承诺每个季度为此工作 10~20 小时。主要职责包括：总结其国内海洋能开发和环境影响研究工作的进展情况，更新现有的附件四项目元数据形式，并且在启动项目或调查研究时提供新的元数据形式；协助确定网络讨论会、专家论坛和研讨会的主题；对 Tethys 等系统的内容和功能提出专业建议；评审《科学报告》；出任第四工作组的国家代表。

● 元数据形式的汇集与更新。以元数据的格式收集正在开展的海洋能项目选址和研究计划的信息，包括项目简介、环境监测方法和结果、联系信息等。这些信息将被录入 Tethys 系统中。2015 年，该系统共录入 22 个海洋能项目站址和 34 个案例研究，还有 24 个海洋能项目站址和 17 个案例研究已"完成"或"取消"，不再需要更新。目前，Tethys 系统元数据共包括 80 个海洋能项目站址和 57 个案例研究。

● 环境影响信息的广泛传播。Tethys 在线管理系统的用户访问量持续攀升，2015 年收录了 480 篇公开发表的论文、报告和其他信息，目前共有 2 069 篇。这些信息一半以上是海洋能开发利用方面的，此外，还包括海上风电环境影响方面的信息。在过去的一年里，Tethys 网页访问量增长了 89%，网站总访问量增长了 23%。2015 年，有 15 位专家（其中 10 人有波浪能、潮流能或洋流能专业背景）提供了 98 人次关于该系统内容和功能的专业意见，还向大约 700 位 Tethys 用户发放调查问卷，有效回收了 58 份。

● 参加各种研讨会。2015 年 4 月 16 日，第四工作组与国家环境研究委员会在英国南安普敦主办了一次海洋能环境影响研讨会。对当前和未来各种可用的新技术、新工具和新方法进行了交流，本次研讨会的更多信息，参见 http://tethys. pnnl. gov/events/nerc-workshop-update-technology-and-tools-derisk-and-streamline-development-special-session。

2015 年 9 月 8 日，第四工作组在欧洲波浪能和潮流能大会上主办了一次研讨会，对《科学报告》的主要内容进行了研讨，包括：海洋哺乳动物的碰撞风险、鱼类碰撞风险、海洋电磁场、海洋空间规划以及相关案例研究和行政认可等。50 多人参会。更多信息参见：http：//tethys. pnnl. gov/events/annex-iv-workshop-state-science。

- 举办网络讨论会。

2015 年，通过组织在线收听的方式共举行了三次网络讨论会，每次会议参加人数为 55~100 人。

2015 年 2 月 3 日，围绕能量提取对物理系统的影响，Heriot-Watt 大学、美国西北太平洋国家实验室、美国 Sandia 国家实验室介绍并讨论了三种建模方法，随着更多的波浪能和潮流能装置长期运行，逐步对这些模型进行验证。

2015 年 5 月 7 日，围绕海洋能发电装置产生的附加电磁场信号如何对某些海洋生物产生影响以及如何开展研究工作努力解决这一问题，Cranfield 大学和美国海洋能管理局的两位代表分别介绍了各自的研究情况。

2015 年 7 月 21 日，围绕海洋能试验场和环境影响研究，美国西北太平洋国家实验室和欧洲海洋能中心分别介绍了各自情况。参见：http：//tethys. pnnl. gov/mhk-environmental-webinars。

- 2016 年《科学报告》。《科学报告》包括以下章节：1）引言；2）海洋能环境影响总结；3）潮流涡轮机周边海洋动物的碰撞风险；4）海洋能发电装置噪声对海洋动物的风险；5）物理系统变化；6）电磁场影响；7）海洋能开发对生物栖息地变化的影响；8）海洋空间规划；9）案例研究。

- 参与重大国际会议。2015 年 9 月，与欧洲波浪能和潮流能大会（EWTEC）在海洋能环境影响主题方面进行了合作，提交了 25 篇相关论文，相比上届大会 12 篇论文有了很大提高，会议期间，每个主题报告约有 30 个参会者。

二、"全球海洋能 Web GIS 数据库"进展

详见：http：//www.ocean-energy-systems.org/oes-projects/

目标

开发一个基于网络的交互式地理信息系统应用程序，从而使有兴趣的网站访问者以一种易于使用且在视觉上引人注目的方式详细获得与海洋能有关的全球信息。

成果

目前开发的数据库，在一个全球地图上显示海洋能装置、资源、基础设施和基本地理等信息（见附图 26）。

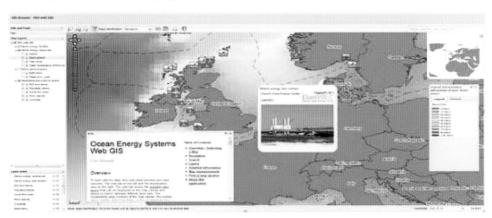

附图 26　全球海洋能 Web

数据库采用点选式界面，用户能够显示任意提供的组合信息，可以通过地图进行缩放和移动，选择海洋能项目相关信息，并根据需求下载或打印信息图像。

三、"海洋能成本评估"进展

详见：http：//www.ocean-energy-systems.org/oes-projects/

目标

建设海洋能发电装置阵列化项目，必须要评估海洋能发电装置的均化发电成本（LCOE）。目前海洋能工程样机的成本仍然较高，还有

很大下降空间。为实现海洋能发电装置均化发电成本的下降，必须布放更多的海洋能发电装置，示范项目也要更多地尽早进入建设和运行阶段。

本合作项目借鉴其他技术的经验，形成如何在全球实现海洋能发电装置发电成本下降的路径。对有代表性的波浪能、潮流能和温差能发电装置的成本构成开展了自下而上的评估，即调研海洋能发电装置研发、加工、布放等情况，还评估了发电项目开发成本和运维成本等。通过与技术开发商的深入访谈，并在欧盟资助的 SI Ocean、DTOcean、Equimar、Waveplam 等项目基础上实施。

成果

与现有发电技术相比，波浪能、潮流能和温差能发电技术的均化发电成本仍然较高，只有显著降低成本才具有竞争力。虽然迄今为止已经取得了一定进步，但远没有达到预期水平。海洋能装置的布放速度明显慢于投资者和决策者的预期。

在每项技术的研发起步阶段，最具参考价值的数据来自于技术示范项目。在海洋能内部，不同技术之间也存在明显差异。例如，波浪能发展滞后于潮流能发展，缺乏基本的性能和运行数据。

潮流能发电技术目前集中于水平轴技术，但是在发展方向上也存在较大争议。有的研发机构追求更大装机容量（单机 500 千瓦以上），这也是目前大多数研发机构的选择；同时还有研发机构开始追求小装机容量技术（单机 500 千瓦以下）。本项目研究发现，小装机容量技术在短期内可以实现更低的均化发电成本，也就是说更有机会实现成本降低的目标。大装机容量技术只有在规模化应用后才能实现更高的成本竞争力。

研究表明，对温差能技术而言，需要先实现更大装机规模，才能在经济性上更具吸引力。而对于波浪能和潮流能技术而言，要通过兆瓦级阵列化应用才能实现更低的均化发电成本，而要实现兆瓦级阵列化应用必须首先允许研发和布放小装机容量的发电机组阵列。也就是说，波浪能和潮流能均化发电成本的降低，要先通过小规模阵列，再进入大规模的兆瓦级阵列应用。

波浪能和潮流能技术可采用模块化设计，因此对未来的海洋能发电场来说，总装机容量的范围变化可以很大（随着布放装置的数量变化而变化）。

除了发电外，温差能技术还可以应用于海水淡化，这对于一些特定区域具有很大的吸引力。

当然，为了确认和验证本项目研究的成本下降预测模型，还需要有更多的示范运行数据。

四、"海洋能审批过程"进展

详见：http：//www.ocean-energy-systems.org/oes-projects/

目标

海洋有可能成为一个重要的清洁能源来源，有助于推动沿海地区创新和创造就业岗位。对于海洋能而言，虽然海上已经部署了一些海洋能发电装置，但海洋能用海审批仍然被视为海洋能产业化及未来发展的重要制约因素。对于绝大多数海洋能发电项目运行商来说，通过用海审批的时间一定程度上决定了整个项目的成败。

对大多监管机构而言，海洋能用海是个相对较新的管辖领域，因此经常被认为适用于为其他领域（如海上油气或水产养殖）制定的法律法规，事实上，这些法律法规并不适合海洋能领域。为了加快海洋能用海审批，一些国家开始尝试"精简"审批流程。

在欧盟，"海洋空间规划和战略环境评估系统"已确定为可用于海洋能项目用海审批的工具。还有一些国家已经专门划定了海洋能开发用海区域。同样，各国政府出台的可再生能源政策、发展战略和激励措施对推动海洋能行业发展具有重大影响。

本项目的任务目标：

● 收集 OES 成员国的相关法律、政策和管理信息，分析海洋能用海审批流程；

● 找出需要关注的重点信息；

● 向监管层和决策层提出海洋能用海审批的建议。

成果

2015 年 2 月，发布了"OES 成员国海洋能审批过程"研究报告。

报告认为，在所有 OES 成员国中，海洋能项用海审批仍然面临诸多挑战。这对于该行业发展十分不利，会延误海洋能项目的运行，对项目开发商的预算和成本产生严重影响。需要从海洋空间规划、基于风险的方法、持续的环境保护、提高公众接收度等多方面加强管理。

2016 年，本报告将对 OES 成员国的下列主题进行年度更新：

- 综合规划：包括每个成员国海洋空间规划现状，如何进行项目用海选址，如何考虑其他用海需求等；

- 管理流程：是否有中央协调机构或者一站式服务机构，是否有任何正在进行的简化审批的举措；

- 环境影响评估：包括项目开发商和监管部门最常遇到的环境影响方面的信息；

- 公众参与决策：公众和其他用海部门如何参与海洋能项目用海审批决策；

- 其他相关信息：任何与审批相关的国家政策和计划等。

五、"国际海洋能技术路线图"进展

详见：www.ocean-energy-systems.org

目标

路线图是识别优先领域、加大投入从而加速海洋能技术发展的一个有效工具，可以明确均化发电成本降低的路径。统一国际政策可有效促进海洋能产业发展，建立国际路线图对实现这一目标至关重要。

该项目的总体目标是实现海洋能均化发电成本目标，主要集中在两个关键领域——提高可靠性和改进性能。

具体目标包括：

- 找出制约海洋能技术成本下降的基础理论方面的因素；

- 明确优先开展研究和创新活动的需求；

- 借鉴造船、渔业、水产等行业经验和专业知识；

- 确定时间表和阶段成果，最终实现降低成本的目标。

预期成果

- 影响对技术研发及创新的资助决策，优先解决重点问题；
- 促进产学研交流与合作以及与其他行业的交流；
- 加强国际合作；
- 形成有效的政策和激励措施建议。